趣味数学

体验书

Interesting Mathematics Experience book

吕荣利◎主编

中国纺织出版社

国家一级出版社　全国百佳图书出版单位

内 容 提 要

本书精选了136个充满趣味性的数学题目，以图文的形式引导中小学生一步步迈入千变万化的数学世界。书中内容包括：神奇的算术、美丽的图形与符号、不可缺少的度量衡、不可思议的逻辑与推理。

本书主要适合中小学生阅读使用，既可作为家庭亲子读物，也可作为课后辅导用书。

图书在版编目（CIP）数据

趣味数学体验书 / 吕荣利主编. --北京：中国纺织出版社，2017.7（2018.4重印）
ISBN 978-7-5180-2936-5

Ⅰ.①趣… Ⅱ.①吕… Ⅲ.①数学—少儿读物 Ⅳ.①01-49

中国版本图书馆CIP数据核字（2016）第216075号

责任编辑：赵晓红　　特约编辑：徐婷婷　　责任印制：储志伟

中国纺织出版社出版发行
地址：北京市朝阳区百子湾东里A407号楼　邮政编码：100124
销售电话：010—67004422　传真：010—87155801
http：//www.c-textilep.com
E-mail：faxing@c-textilep.com
中国纺织出版社天猫旗舰店
官方微博http://weibo.com/2119887771
三河市延风印装有限公司印刷　各地新华书店经销
2017年7月第1版　2018年4月第2次印刷
开本：710×1000　1/16　印张：12
字数：92千字　定价：25.00元

前言

兴趣是探索之门，体验是收获之锁，做任何事，有兴趣才能做好。这套书就像是打开探索科学的钥匙，向小朋友循序渐进地讲解科学知识。小朋友在阅读过程中可以寻求爸爸妈妈、老师和同学的帮助，可以一起玩、一起做、一起学，让小朋友们的课外生活变得更加丰富多彩。

本书内容包括：神奇的算术、美丽的图形与符号、不可缺少的度量衡、不可思议的逻辑与推理。本书每一章都分为题目和答案两部分，把答案放在章节后有利于增加小朋友独立思考的时间。在题目选择方面，我们侧重选取贴近生活、趣味性强、看似简单实则不易的题目，还特别设置了【难易指数】这一项，小朋友可以依此选择是否需要爸爸妈妈的帮助。这种趣味数学体验不仅有利于学生获得数学知识，掌握数学学习方法，而且有利于启发学生思维，可以使学生更加深刻地理解数学的精神，同时更加有利于树立正确的数学学习态度和培养学生形成良好的学习习惯。希望小朋友们看到本书后，能激发出学习数学的兴趣。

由于编者水平有限，书中不足之处在所难免，诚恳期待广大读者批评指正。

编　者

2016年10月

目录

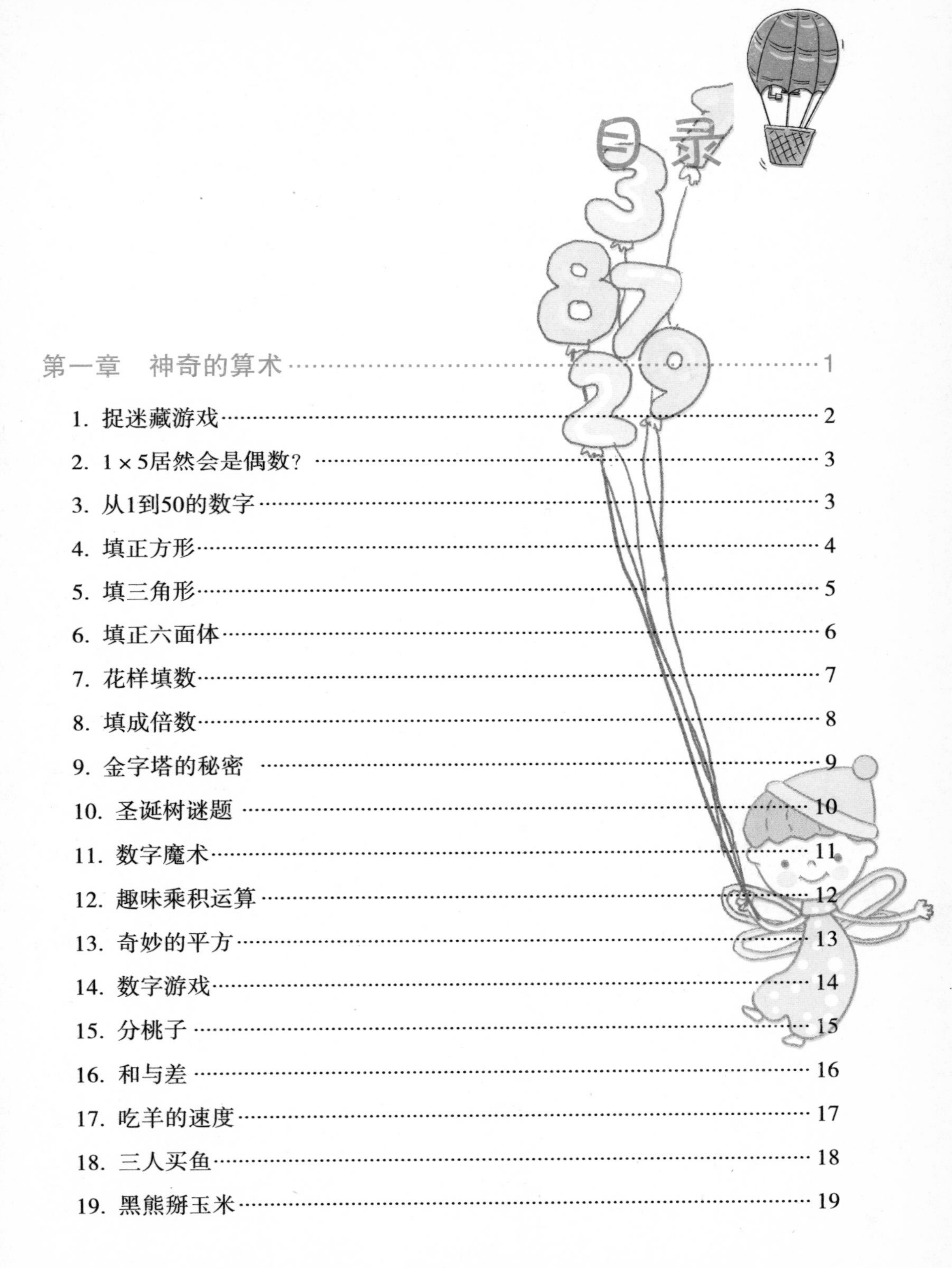

第一章
神奇的算术

1. 捉迷藏游戏

难易指数：★☆☆☆☆

12个孩子在公园里玩捉迷藏的游戏，如下图所示，到现在为止，已经捉住了其中的3个人。请问，藏着的还剩几个人呢？

2. 1×5居然会是偶数？

难易指数：★☆☆☆☆

小辉告诉小亮一件奇怪的事，他说："把5个1相加后，就会变成偶数。"小亮百思不得其解。

3. 从1到50的数字

难易指数：★☆☆☆☆

请你迅速地回答下面的两个问题：

（1）从1到50之间，1这个数字出现了几次？

（2）从1到50的数字，是由多少个0到9的数字组成的？

4. 填正方形

难易指数：★☆☆☆☆

把1、2、3、4、5、6、7、8这8个数字分别填入图中的小花朵组成的正方形上，使正方形每行每列的和都是12。你能做到吗？

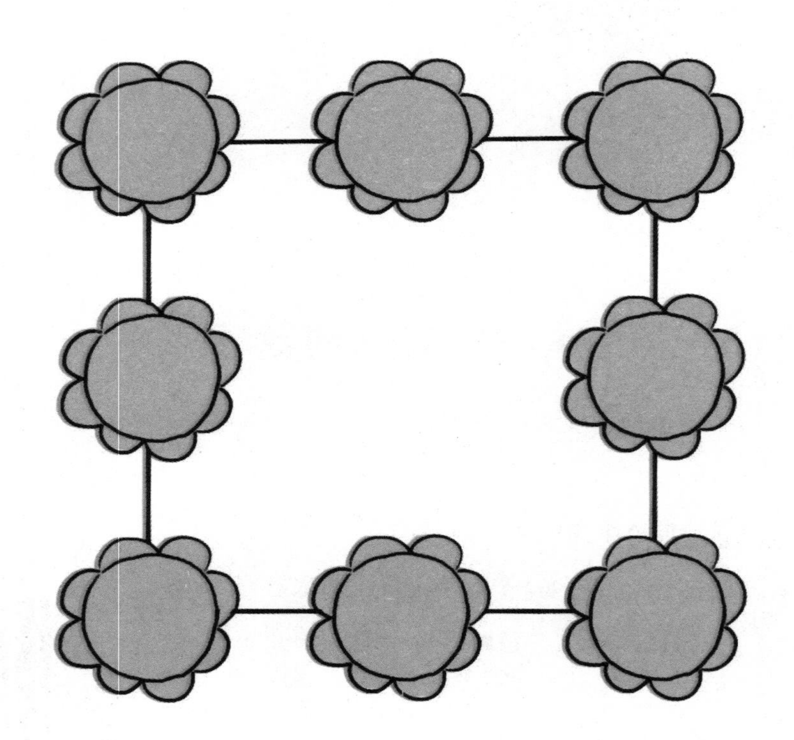

5. 填三角形

难易指数：★☆☆☆☆

把1、2、3、4、5、6、7、8、9这9个数字，分别填入图中的小花朵组成的三角形上，使得三角形的每条边上4个数的和都是17。小朋友，你们快来试试吧！

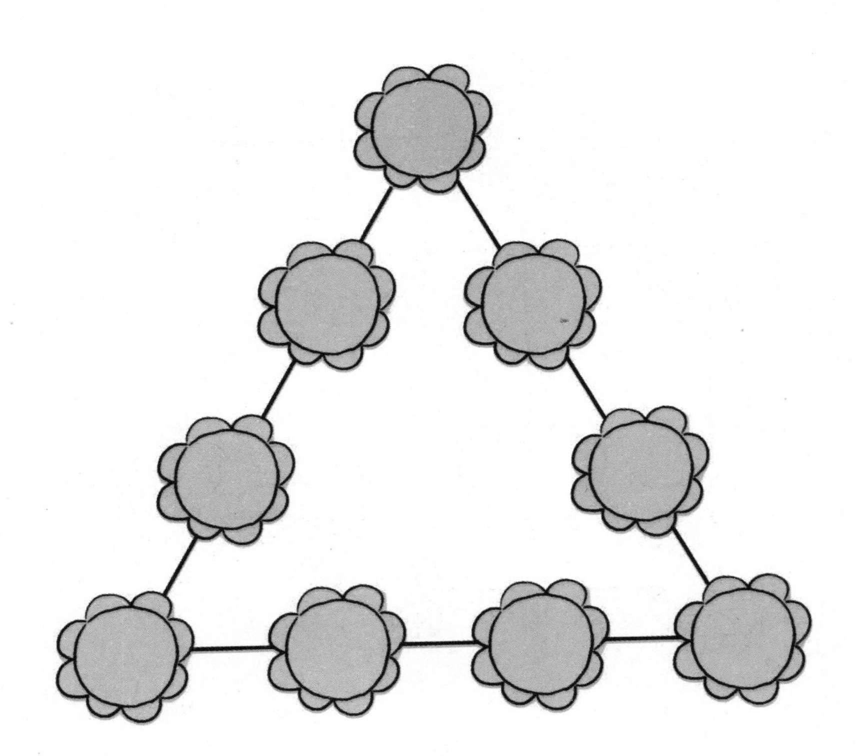

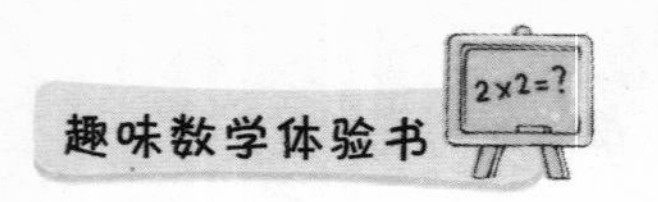

6. 填正六面体

难易指数：★☆☆☆☆

把1、2、3、4、5、6、7、8这8个数字分别填入图中的小花朵内，使得组成的立方体的任何一个平面上4个数的和都一样。

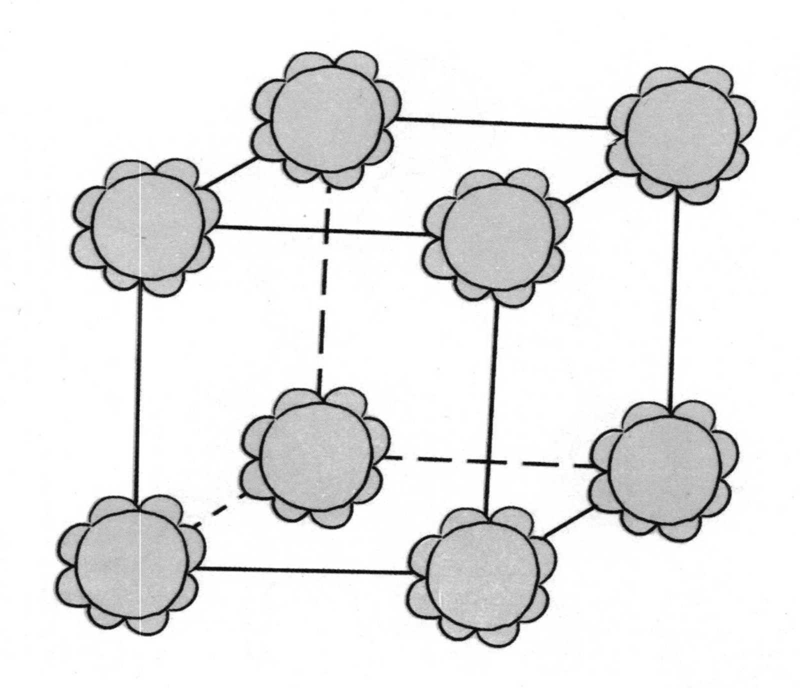

7. 花样填数

难易指数：★☆☆☆☆

把1、2、3、4、5、6、7这7个数填入小花朵内，使得每条线（半径或圆周）上的3个数加起来的和都相同。小朋友们想一想，有几种方法可以做到？

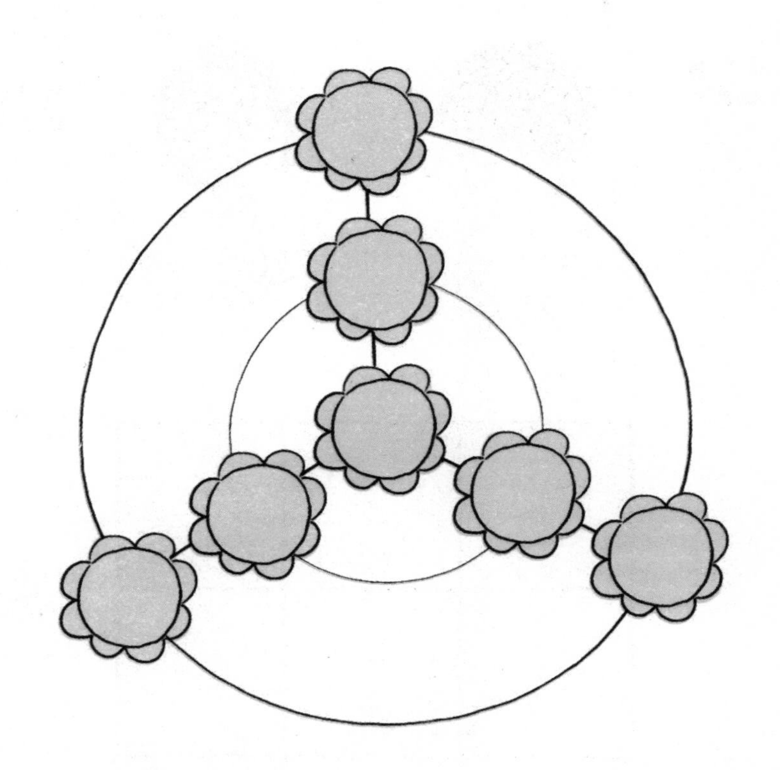

8. 填成倍数

难易指数：★☆☆☆☆

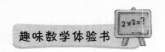

将1、2、3、4、5、6、7、8、9这9个数字分别填入空格内。这样，每一行的3个数字组成一个三位数。如果要使第二行的三位数是第一行的两倍，第三行的三位数是第一行的3倍，应该怎样填写呢？

这个数字好有意思啊！

那你知道该怎么填写了吗？

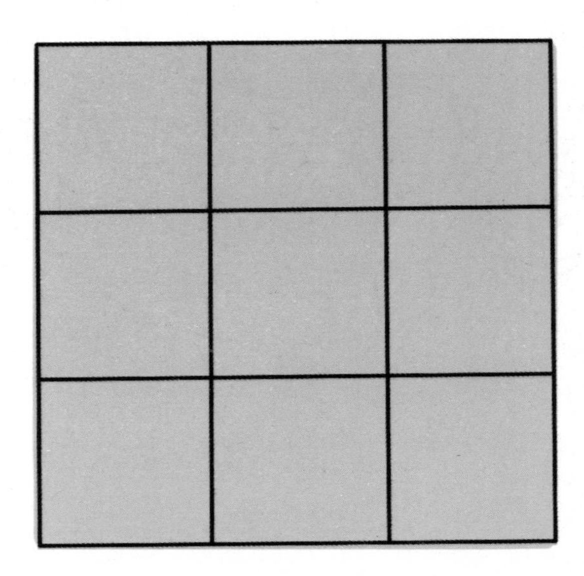

9. 金字塔的秘密

难易指数：★☆☆☆☆

观察下面这座“金字塔”的规律，想一下，底下“金字塔”中的问号处应填什么数字呢？

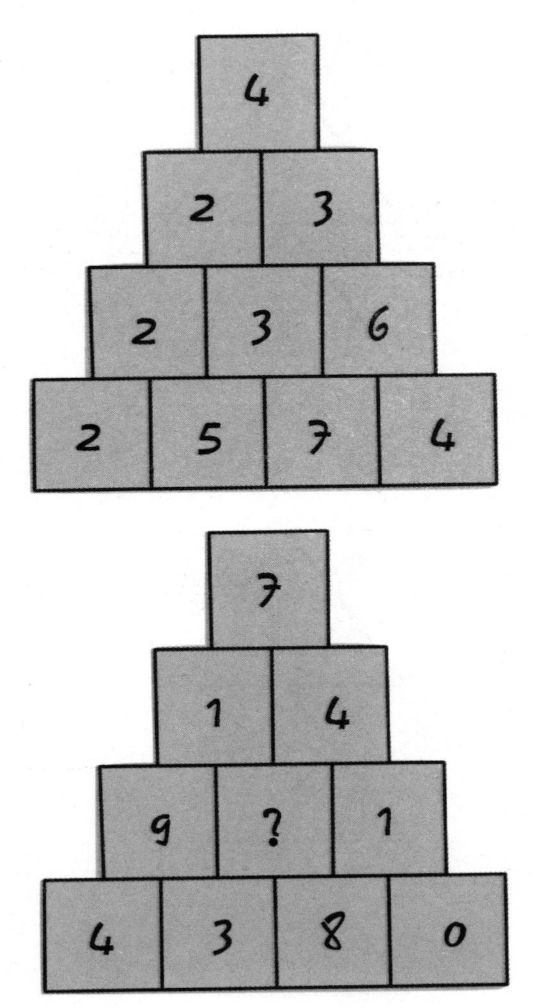

10. 圣诞树谜题

难易指数：★☆☆☆☆

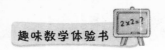

下图是一棵非常有趣的圣诞树，圣诞树是由6个三角形组成的一个特殊的数列，每个三角形中都有一个数字。你知道问号处的数字是多少吗？

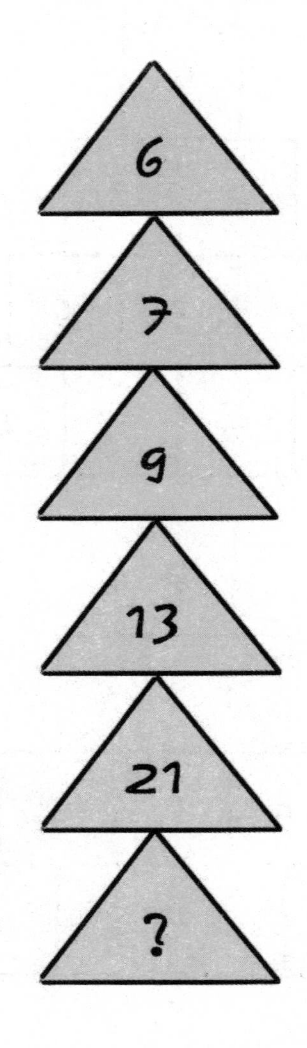

11. 数字魔术

难易指数：★★☆☆☆

新年晚会上，同学们玩得非常高兴。突然，班主任刘老师微笑着走到讲台前说："我给大家表演一个数字魔术吧！"说完，刘老师拿出一叠纸条，发给坐在下面的每一位同学，然后神秘地说："你们每个人在纸条上写出任意4个自然数，不准重复，我保证能从你们写的4个数中找出两个数，它们的差能被3整除。"

刘老师刚说完，同学们就纷纷议论起来。很多同学都对此表示怀疑，不过还是按照老师说的话去做。不一会儿，同学们都把数字写出来了。但是当同学们一个个读到自己写的4个数时，奇迹出现了：同学们写的数都让刘老师找出了差能被3整除的两个数。

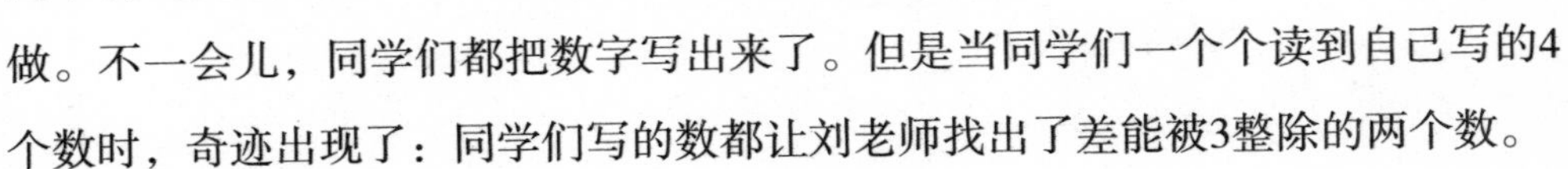

小朋友，你知道这是为什么吗？

12. 趣味乘积运算

难易指数：★★☆☆☆

根据$22\times55=1210$和$222\times555=123210$，你能看出规律，不用计算就能写出下列算式的答案吗？

$2222\times5555=$

$22222\times55555=$

$222222\times555555=$

$2222222\times5555555=$

下面是另外一组乘积计算。

$88\times99=$

$888\times999=$

$6666\times9999=$

$66666\times99999=$

$666666\times999999=$

$5555555\times9999999=$

$555555\times999999=$

$55555\times99999=$

$4444\times9999=$

$444\times999=$

$33\times99=$

$3\times9=$

13. 奇妙的平方

难易指数：★★☆☆☆

刘老师给同学们布置了一道作业，任取一个三位数，求其平方。例如，123^2=15129，其中只出现五个数字：1，2，3，5，9（平方的“2”不包括在内）。你能不能取一个三位数，求其平方，而使三位数及其平方值的六位数的数字是互不重复的，即1，2，3…8，9九个数字，每个数字既不重复又不遗漏？

同学们，大家想一想，这种答案共有几个？

14. 数字游戏

难易指数：★★☆☆☆

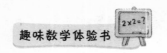

如果你有1、2、3、4、5、“+”“-”“×”“÷”“=”这10个卡片，你能搭成一个等于22的算式吗？（可以加括号）

你还可以用1、5、5、5、5，通过若干加减乘除运算得到24。或者用3、3、7、7，通过运算得到24。

15. 分桃子

难易指数：★★☆☆☆

小辉把一筐桃子平均分给爸爸、妈妈、爷爷、奶奶、姥姥、姥爷6个人，还能剩下5个桃子。现在有一箱桃子，它是这筐桃子的4倍，如果把这一箱桃子还分给他们6个人，会剩下几个桃子呢？

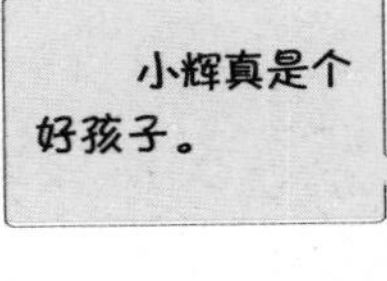

你知道还剩下几个桃子吗？

16. 和与差

难易指数：★★☆☆☆

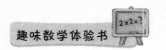

小辉是个数学谜，脑子里面整天想着一些稀奇古怪的题目。一天，他站在课桌旁边思考一道数学题：随意说出两个数字来，迅速算出它们的和减去它们的差的结果。例如，125和143，310和56。

思索了好长时间，小辉终于找出了其中的规律。小朋友，你猜猜这其中的规律是什么？

我知道是什么规律啦！

17. 吃羊的速度

难易指数：★★☆☆☆

大灰狼、黑熊和老虎在森林里的一棵大树下相遇了，为了显示出各自的本领，它们互相炫耀起来。

大灰狼说："如果有一只羊，我6小时就能吃完。"

黑熊听了，哈哈大笑说："你吃得太慢，我只需要3小时就能吃完！"

老虎伸了个懒腰，轻蔑地说："这算什么，我两个小时就能把它消灭掉！"

小朋友，如果它们三个一块吃，需要多久吃完一只羊呢？

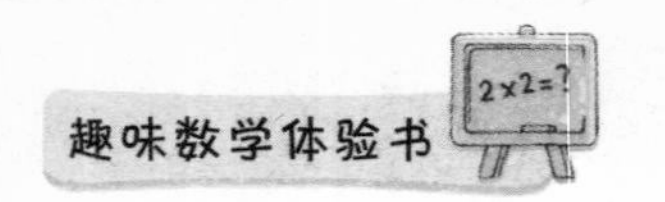

18. 三人买鱼

难易指数：★★☆☆☆

小辉、小丽、小萍三人合买一条鱼。小辉要鱼头，小丽要鱼尾，小萍要鱼身。这条鱼的头重2斤，身重是头尾重的和，尾重是半头半身的和。鱼的标价是：鱼头5元1斤，鱼尾3元1斤，鱼身的单价是头尾的和。

那么，他们3人每人应该付多少钱呢？3人商量很长时间，也没有想出个结果。这时，有一个老人从这里经过，了解这一情况后，很快就帮助他们算出了各自应该付的钱数。你知道老人是怎么算的吗？

19. 黑熊掰玉米

难易指数：★★☆☆☆

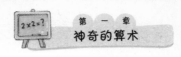

有只黑熊在一块玉米地里摘了100穗玉米，堆在了地上。黑熊家距离这块玉米地有50米，它打算把这些玉米背回家，每次最多能背50穗，可是黑熊嘴巴很馋，每走1米要吃1穗玉米。小朋友猜一猜，黑熊最多能背多少玉米回家?

20. 抽卡片猜数字

难易指数：★★☆☆☆

周末，小辉的爸爸为小辉变了一个戏法：他拿出上面分别写有1～9数字的同样的卡片两副（共18张），将它们混和后，让小辉抽取其中一张，同时不让爸爸看不到上面的数字。接着，爸爸把其余的卡片交给妈妈，让妈妈背着自己，摊开卡片，取去每两张加起来的和为10的卡片，等只留下最后一张时，爸爸看了那最后一张卡片以后，马上就说出了小辉抽去的卡片上的数字。小朋友请猜一猜，爸爸为什么这么快就知道答案了呢？

21. 锯木料的最佳方案

难易指数：★★☆☆☆

小辉爷爷家的桌椅坏了，爸爸请来了一位木匠师傅。他找来一根长254.5厘米的木料来修理桌椅。如果每修一张桌子要用43厘米长的木料一段，修一把椅子要用37厘米长的木料一段，每截一段要损耗5毫米。那么为了使用料最节省，木匠师傅应该把这根木料锯成修桌子和椅子用的木料各多少根呢？

大家一起来帮木匠师傅算一算。

22. 小蚂蚁搬大豆

难易指数：★★☆☆☆

一只蚂蚁外出寻找食物，突然发现了一堆大豆，它赶紧回洞招来10个伙伴，可还是搬不完。每只蚂蚁回去各找来10只蚂蚁，大家再搬，还是剩下很多。于是蚂蚁们又回去叫同伴，每只蚂蚁又叫来10个同伴，但是仍然搬不完。蚂蚁们再回去，每只蚂蚁又叫来10个同伴。这一次，才终于把所有大豆搬回了家。

你知道一共有多少只蚂蚁参与这次搬大豆的行动了吗？

23. 运送粮食

难易指数：★★☆☆☆

新新粮食店接到了一个订单，要求从M地调拨一批粮食运送到N地，并且规定在第二天上午11点准时送达。

粮食店接到任务后，马上准备好汽车，并仔细规划路线。从M地到N地，如果同一时间出发，汽车以每小时30公里的速度行驶，那么达到N地是上午10点；如果用每小时20公里的速度行驶，那么到达N地的时间是中午12点。

请问，从M地到N地的距离是多少？假设出发时间不变，那么汽车应该用怎样的速度行驶才能保证在第二天上午11点准时到达N地呢？

24. 蜗牛爬行的天数

难易指数：★★☆☆☆

有一堵墙，高12尺，一只蜗牛从墙脚往上爬，它白天往上爬3尺，而晚上又要下降2尺，爬到墙顶需要多少天？如果墙高20尺，蜗牛爬到墙顶需要多少天？

蜗牛爬的那么慢，到底要多少天才能爬到墙顶啊？

25. 分开卖的螃蟹

难易指数：★★☆☆☆

小强总是自以为聪明，常常提出一些独特的想法，而且似乎还有很“充分”的理由。有一次，他跟妈妈去买螃蟹，大螃蟹每斤15元。

来了一位顾客说：“我只要吃蟹脚，能不能单买啊？”卖货阿姨说：“那不行啊，蟹掰掉要死的，蟹身卖给谁呢？”这时，有走来一位顾客，说：“我正好要吃蟹身。”

这时，小强就对卖货阿姨说：“阿姨，您可以把蟹的脚都掰下来，6元一斤卖给这位奶奶；蟹身留下，9元一斤卖给那位叔叔。这样加起来，仍是卖15元一斤，这样可以吗？”

叔叔、奶奶和卖货阿姨听了都笑了起来，说他这种做法行不通。小朋友，你知道错在哪里吗？

26. 歌唱时间

难易指数：★★☆☆☆

小强对同伴说："《歌唱祖国》这首歌，你们会唱吗？我唱这首歌用时3分钟。要是我们三个人一起唱这首歌，要用多少时间呢？我算了下：3×3=9分钟。"小朋友，你觉得小强的算法对吗？

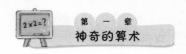

27. 跳远比赛

难易指数：★★☆☆☆

一天早上，袋鼠哥哥和袋鼠弟弟来到家附近的草坪玩耍。兄弟俩商量进行跳跃比赛，看谁跳得快、跳得远。袋鼠弟弟建议，哥哥应该让它先跳10次，然后哥哥才开始起步。袋鼠哥哥同意了。

假设在同样的时间内，袋鼠弟弟跳4次，袋鼠哥哥跳3次；而袋鼠哥哥跳5次的距离相当于袋鼠弟弟跳7次那样远。小朋友们猜一猜，袋鼠哥哥能超过袋鼠弟弟吗？如果可能，它要在跳多少次以后才能赶上袋鼠弟弟呢？

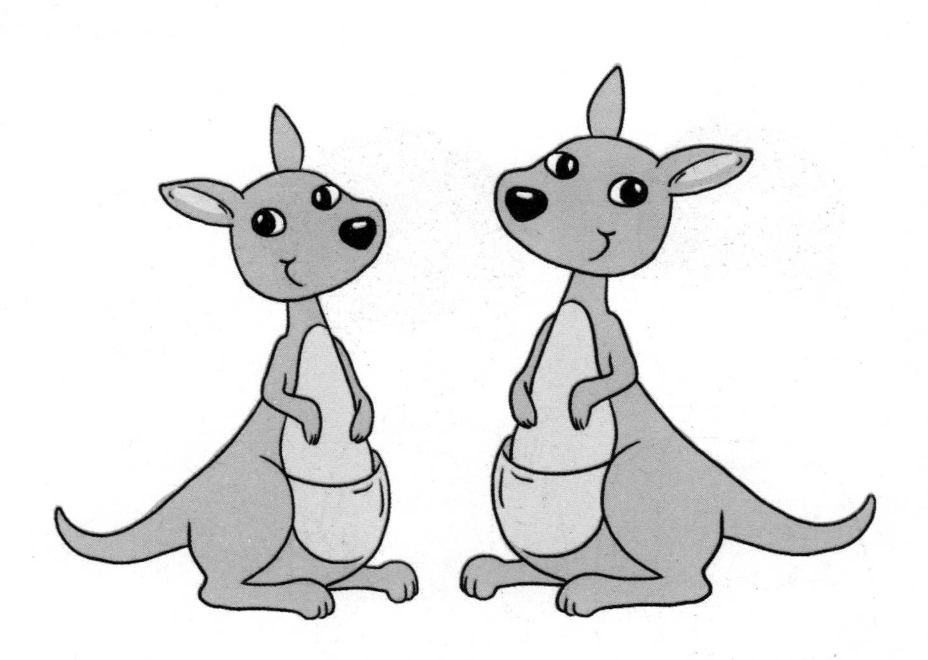

28. 组装车辆

难易指数：★★☆☆☆

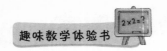

小辉爷爷家的仓库里有7个车把，17个车轮，爷爷想把它们组装成几辆自行车、几辆三轮车。小辉跟爸爸拿出24根火柴，你觉得怎么摆放，才能物尽其用，解决好这个难题？

小朋友们可以拿出24根火柴一起摆一摆，试试看！

29. 十五个小花朵

难易指数：★★☆☆☆

游乐场里围着很多小朋友，原来在木板上有15个小花朵样式的坑，小花朵之间连成三角形和圆形。要是谁能将顺序从1～15编好数字的15个球投入小花朵内，使得大小两个三角形及圆周所经过的球的编号数目之和分别都相等，那么谁就获胜。小朋友，想一想，怎么样放置才合理呢？

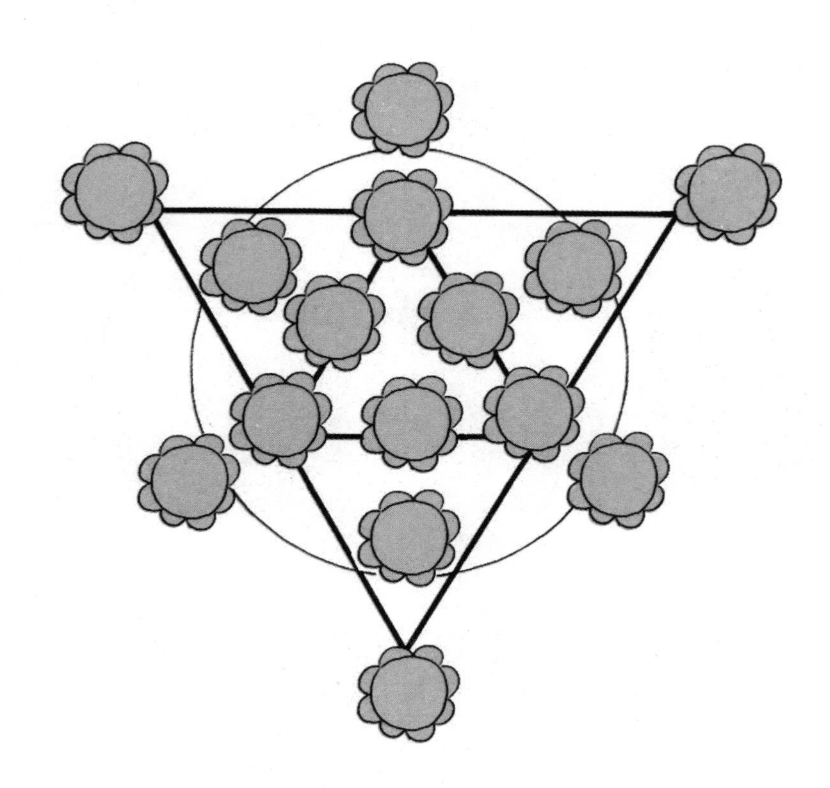

30. 空中飞人

难易指数：★★☆☆☆

灯光暗了下来，只留下一束强烈的光晕照在舞台上空，16名杂技人员正在表演精彩的空中飞人节目。在4个小花环和2个大环的立体结构上，他们在自己的位置上做着各种优美的动作。他们身上的号码是从5到20，组成图案后，在任何一个环上，号码之和均为50。他们应该各自站在什么位置？

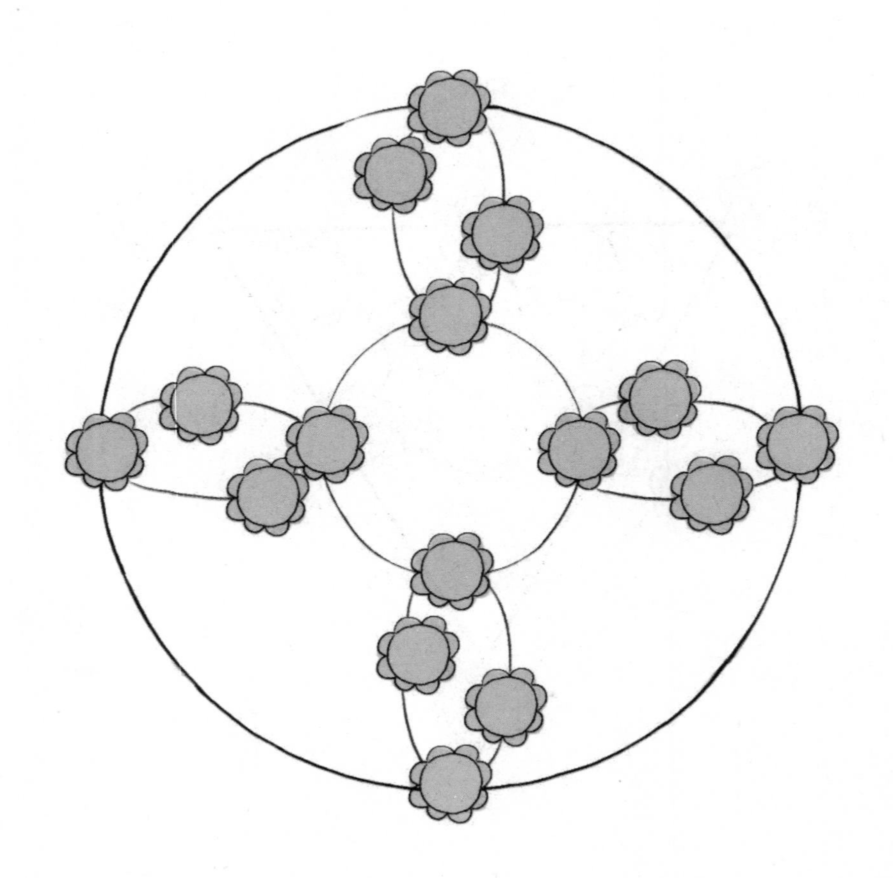

31. 体操组画

难易指数：★★☆☆☆

15名体操队员身穿带号码的体操服，在绿色的地毯上，组成一朵鲜艳的梅花。只见他们衣服上的号码数在每条直线上，其和都等于27。请问，他们是怎么站立的？

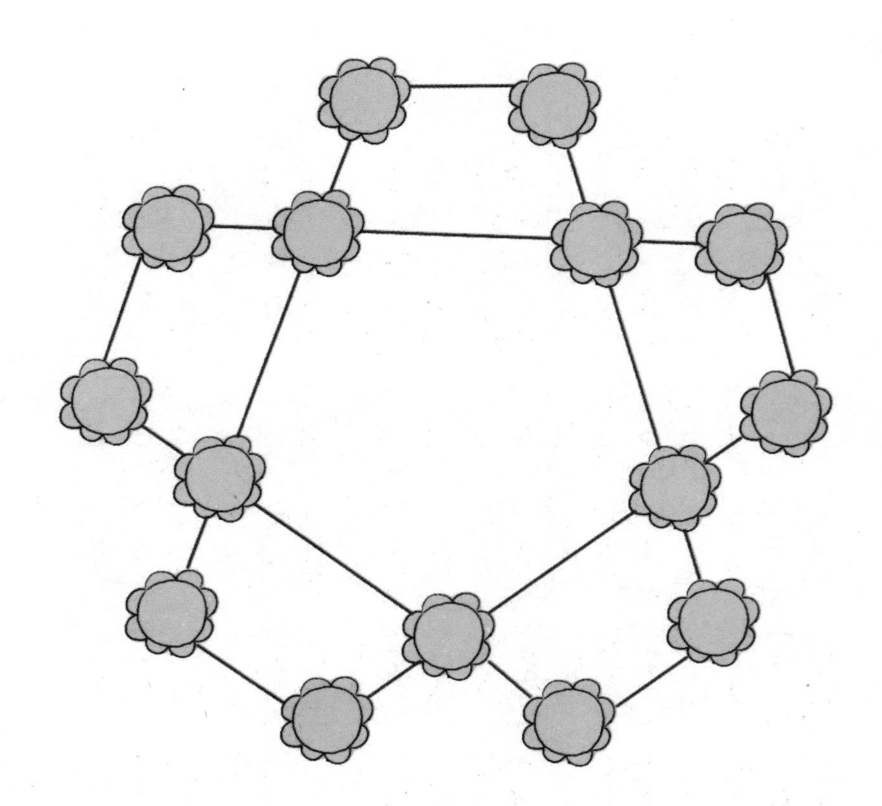

32. 数字迷局

难易指数：★★☆☆☆

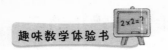

数学爱好者小辉，经常会遇到各种奇怪的数字迷局。一天，他和爸爸坐在大树下乘凉，他用数字布了一个阵，但是摆到最后一个数字时，他不知道该放哪个了。小朋友，我们一起来帮助小辉完成这个迷局吧。

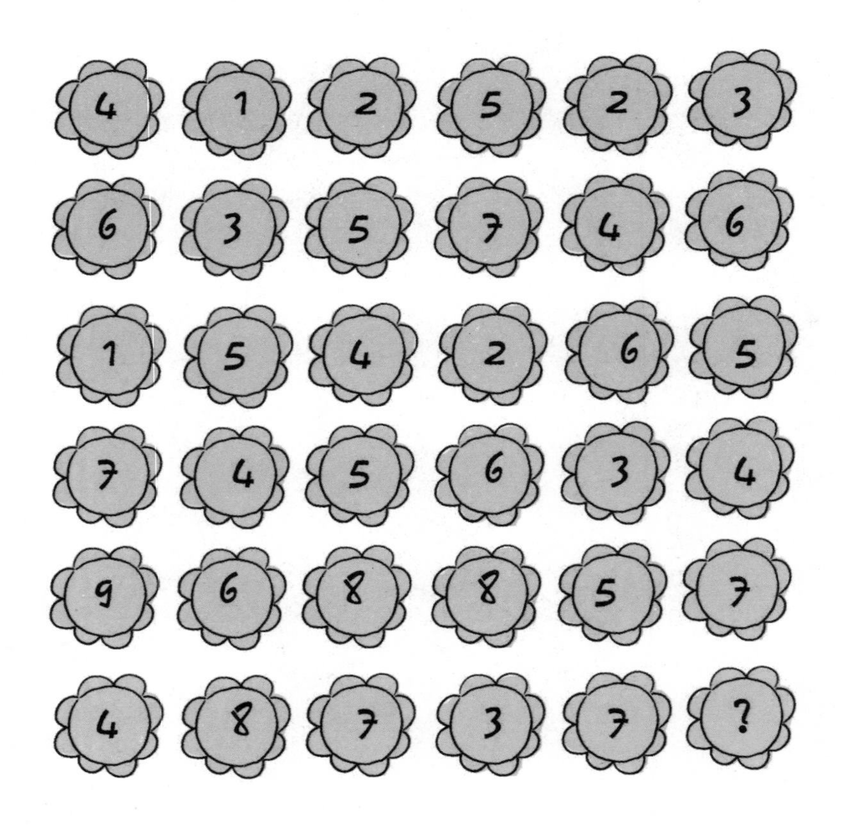

33. 奇怪的等式

难易指数：★★☆☆☆

在下图的圆圈里填入数字1～5，使与每个小花朵直接相连的各个小花朵中的数字之和与这个小花朵内数字所代表的值相等。

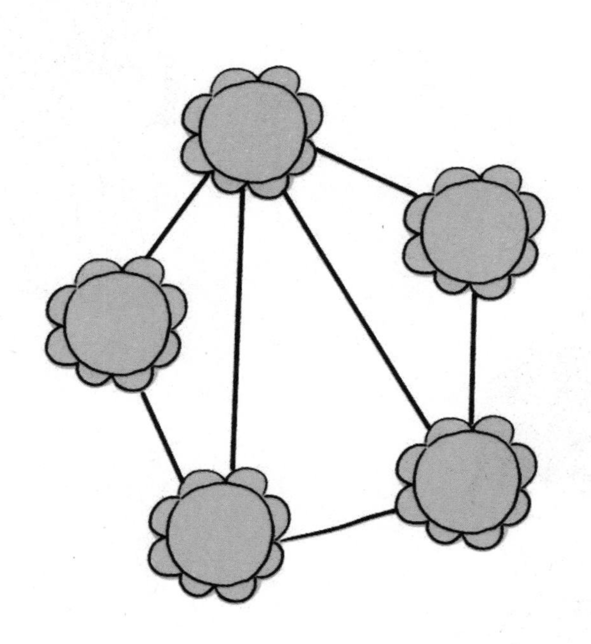

1=11
2=5
3=9
4=11
5=8

34. 粗心的小亮

难易指数：★★★☆☆

小亮在求出5个自然数的平均数后，却不小心将这个平均数和5个数混在一起，求出了这6个数的平均数。同学们，你们能帮助小亮算出第二个平均数和正确平均数的比值是多少吗？

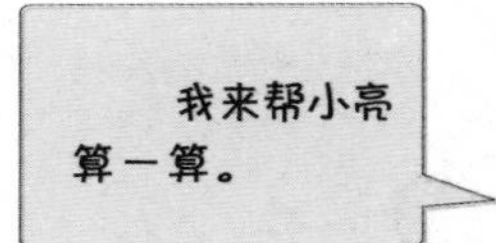

35. 羊的数量

难易指数：★★★☆☆

牧羊人赶着一群羊在草地上放牧。有一个过路人牵着一只肥羊从后面跟了上来。他对牧羊人说："你赶的这群羊大概有一百只吧？"牧羊人答道；"如果这一群羊加上一倍，再加上原来这群羊的一半，又加上原来这群羊的四分之一，连你牵着的这只肥羊也算进去，才刚好凑满一百只。"你知道牧羊人放牧的这群羊一共有多少只吗？

36. 玻璃球的个数之和

难易指数：★★★☆☆

把玻璃球装在6个盒子里，每盒装的个数分别为1个、3个、9个、27个、81个、243个。从这6个盒子里，每次取其中1盒，或取其中几盒，计算玻璃球的个数之和，可以得到63个不同的和。如果把这些和从小到大依次排列起来，是1个、3个、4个、9个、10个、12个……那么第60个和是多少？

37. 还是原来的数

难易指数：★★★☆☆

小亮任意写一个三位数。把这三个数字再重复一遍，组成一个六位数。如327，重复成327327。将这个六位数除以7，再除以11，再除以13，他发现一个奇怪的现象，答数必定仍是他原先写的数字。

例如：327327 ÷ 7=46761,46761 ÷ 11=4251，4251 ÷ 13=327。

有的同学担心，三位数字重复成的这个六位数，除以7，再除以11和13，可能会除不尽。实际上，不会出现这种情况。如果除不尽，一定是你哪一步算错了。小朋友，你知道这是为什么吗？

38. 巧算年龄

难易指数：★★★☆☆

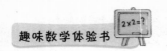

小辉最近掌握了一个新本领，他能很快算出别人的年龄和出生月份。

隔壁的王叔叔想考考他，就问："你猜我现在多少岁？是几月出生的？"

小辉说：您把自己的年龄用5乘，再加6，然后乘以20，再把出生月份加上去，再减掉365，之后把结果告诉我。

王叔叔按照他说的算了一会儿说："最后得3262"。

小辉听了说："您今年35岁，7月份生的，对吗？"

王叔叔连连点头，"真是神了，你真是数学小神童啊！"又问："你用的是什么方法？能不能告诉我啊？"

小辉说："可以。你只要把被猜中者所报告的数字加上245，所得的4位数中千位数和百位数上的数字是他的年龄，十位数和个位数上的数字是出生月份。"

王叔叔听了后去拿别人做实验，这个方法果然管用。

小朋友，你们知道其中的原理吗？

39. 葛朗台的金币

难易指数：★★★☆☆

有一次，葛朗台积攒了一些金币，他每天都要拿出来数一遍，只有这样才会让他安心。他数金币的方法很有特点：分别按2枚一数，3枚一数，4枚一数，5枚一数，6枚一数，每次数完都剩下一枚。最后他再按7枚一数，这次一枚也不剩下了。小朋友，你知道葛朗台至少有多少枚金币呢？

这个问题好复杂，真得好好想想。

40. 水中航行速度

难易指数：★★★☆☆

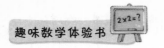

一只小船在流水中航行，第一次顺水航行20千米，又逆水航行3千米，共用了4小时；第二次顺水航行了17.6千米，又逆水航行了3.6千米，也用了4小时。请问，小船在静水中的速度和水流速度分别是多少？

小朋友们想一想，其实这个很简单的哦！

41. 聪明的鸽子

难易指数：★★★☆☆

小辉和小亮在甲、乙两个城市之间的公路上骑车迎面而行，进行比赛。小辉和小亮之间的距离有300千米，比赛开始时，一只鸽子从小辉的肩膀上滑过向前飞去，当它飞到与小亮相遇时，便马上返回向小辉飞去，而当它飞到与小辉相遇时，再返回飞向小亮。

鸽子不知疲倦地继续这样来回飞，一直飞到小辉和小亮相遇时为止。最后，它在一小辉的肩膀上停了下来。鸽子在小辉和小亮之间来回飞行的速度是每小时100千米，小辉和小亮的速度是每小时50千米，请问，鸽子一共飞行了多少千米?

42. 拔萝卜

难易指数：★★★☆☆

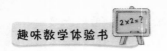

白兔兄妹四人走进一片萝卜地拔萝卜。它们准备往家走的时候，各自数了下篮子里的萝卜数，四个人加一起来共有72个。但是兔哥哥的萝卜有一半都被虫子咬了，在往回家走的路上，兔哥哥把被虫子咬了的萝卜全部丢掉了；兔姐姐的篮子坏了，漏下了两个萝卜，被兔妹妹捡起来放到自己的篮子里。这时，它们三人的萝卜数正好相等。而兔弟弟呢，它在回家的路上又发现一片萝卜地，又拔了几个萝卜，使得它篮子里的萝卜数量增加了一倍。快到家之前，四兄妹集合到一块，每人各自数了一下篮子里的萝卜数量。这次，大家的数目都相等。

小朋友，你知道，它们走出萝卜地时，各自篮子里萝卜的数量是多少吗？快到家时，它们又有多少萝卜？

43. 馋嘴的小猫

难易指数：★★★☆☆

小花猫捉到很多鱼，它吃掉了一半，觉得不过瘾，又吃了一条。

第二天，它也是这样，先吃了剩下的一半，再多吃一条。

第三天，又吃掉剩下的一半，再多吃一条。

第四天，小花猫打开冰箱的时候，愣住了。冰箱里只剩下一条鱼了！

请问：小花猫究竟捉了多少条鱼？

真是只小馋猫，
怎么会这么快就吃
完了呢。

44. 九宫数独

难易指数：★★★☆☆

九宫数独是数独游戏中历史最悠久、流传最广的一种，主要有以下两点规则，看着简单，实际上隐藏着很大的奥秘。

（1）每横行、竖列都有9个方格，在其中填入1～9中所有的数字。

（2）在3×3=9的小方格内，填入1～9中所有的数字。

请以下面填好的数字为线索，参照以上两点规则，补充剩余空格中的数字。

	2	7		6		1		
		4	1		7		9	8
		1	8				2	
	5	8			9			4
4				8	3			9
6				7		8	5	
	7				8	3		
1	8		3		6	4		
		3		5		9	8	

5			2			7	4	
1				7	3	6		
2		9		4		3		
	5		4	3			7	8
3					9			6
4	1			2			9	
		1		5		2		4
		4	8	6				5
	2	5			4			7

45. 旧纸片上的“质数”

难易指数：★★★☆☆

在一位古代数学家的藏书中夹有一张十分古老的纸片。纸片上的字迹已经非常模糊了。从上面留下的曾经写过字的痕迹，依稀可以看出它是一个乘法算式。那么，这个算式上原来的数字是什么呢？夹着这张纸片的书页上，“质数”两字被醒目地划了出来。有人对此做了深入的研究，结果发现这个算式中的每一个数字都是质数。

小朋友们仔细想一想，这个算式该怎么写呢？

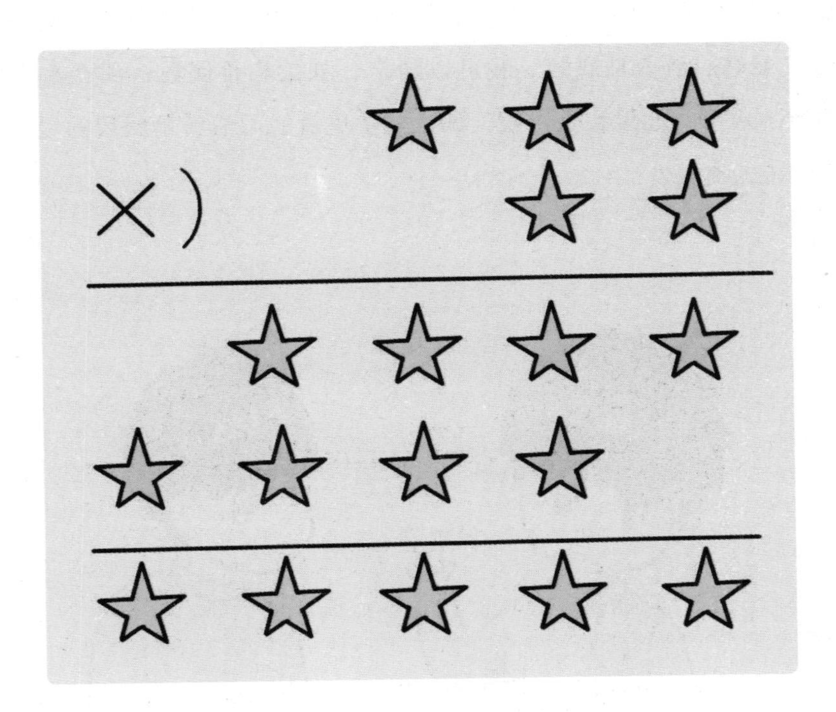

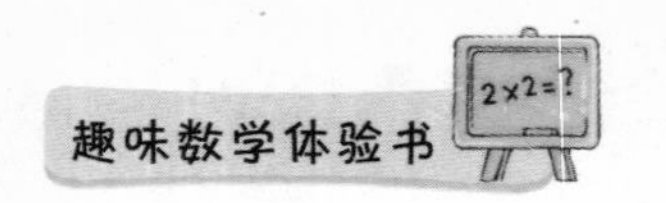

46. 币值不同的硬币

难易指数：★★★★☆

小辉和小亮做猜数字游戏，具体操作是这样的：小亮拿出两个币值不同的硬币，一个币值是偶数（现在硬币大多为奇数，可以假定一个1元硬币为2元，做个特殊标记），另一个币值是奇数，让小辉看过之后，背着小辉把这两个钱币捏在手里，一只手放一个。然后小亮对小辉说，你猜我哪只手里放着偶数的钱币。小辉想了想说："这个很容易猜中。但是要有一个条件：就是要把右手中的币值数乘以3，把左手中的币值数乘以2，然后把这两个积相加。只要你告诉我，相加的和是偶数还是奇数，那么我就准能猜到你哪只手里的币值是奇数，哪只手里的币值是偶数。我可以断定，如果和是偶数，那么右手里放的就是偶数的钱币；如果和是奇数，那么左手里放的币值就是偶数的钱币。"请问，小辉说的对吗？

47. 现在几点了

难易指数：★★★★☆

小强的手表坏了，于是向爷爷询问时间。爷爷看着手表，没有直接回答小强，却说道："如果你把中午到现在的时间的四分之一再加上从现在到明天中午的时间的一半，就正好是现在的时间了。"小强听后，仔细想了想，就笑着说："爷爷，我知道了。"

小朋友，你们知道现在几点了吗？

48. 看不见的扑克牌

难易指数：★★★★☆

下图是一幅由9张扑克牌摆放成的图案，其中有一张牌被故意隐藏起来了，你能找出这个牌型的规律并猜到那张看不见的牌是什么牌吗？

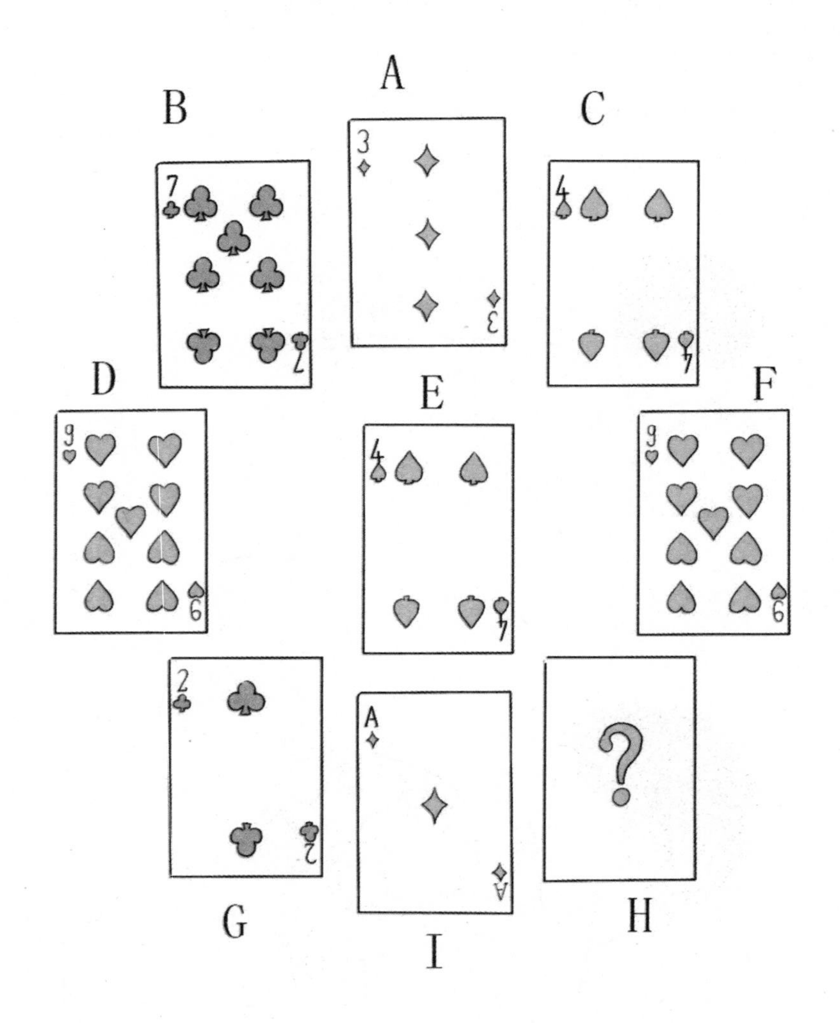

49. 扑克牌中的数学游戏

难易指数：★★★★☆

观察下列纸牌，通过数学手段处理（即通过加减乘除括号等一系列数学运算）使得它们每组的结果为24。

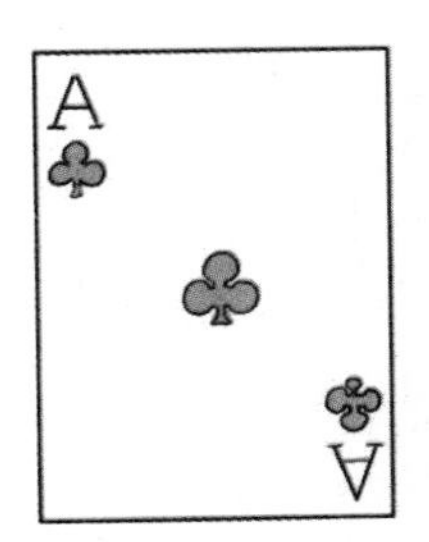

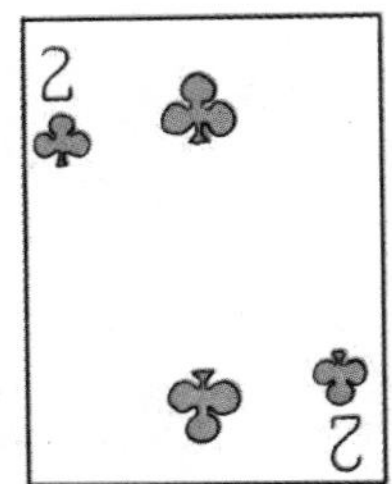

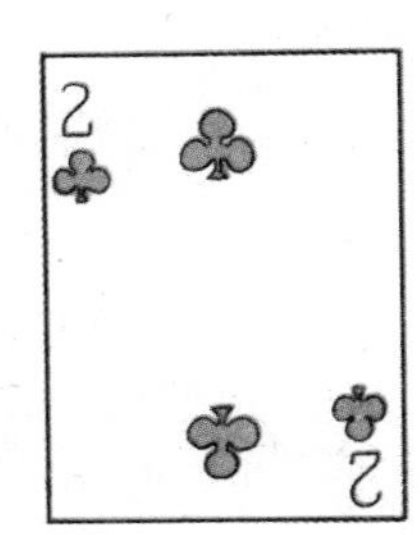

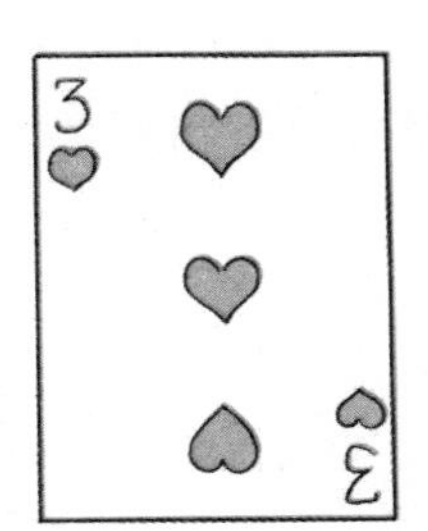

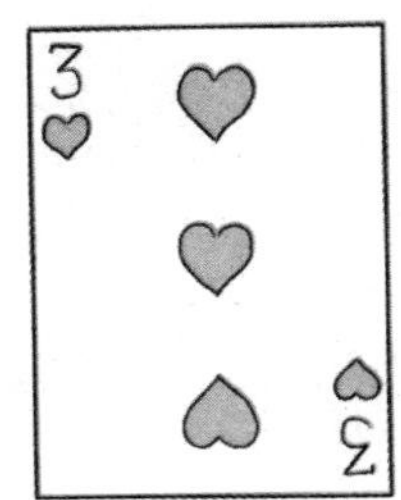

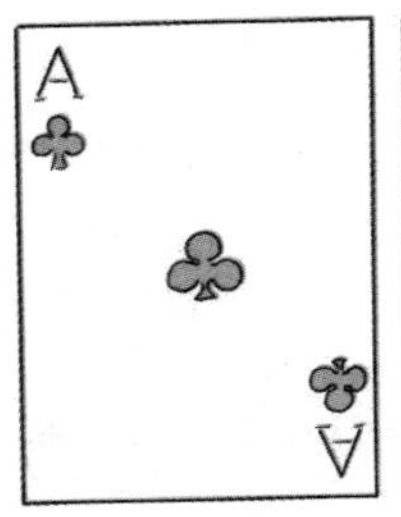

答案

1. 捉迷藏游戏

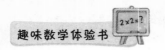

还藏着8个人。因为有一个是在捉藏着的人。

2. 1 × 5 居然会是偶数?

只要按下面列举的方法演算，就能得到偶数。

3. 从 1 到 50 的数字

1 ~ 50的数字如下表所示，由91个0 ~ 9的数字组成。其中“1”这个数字一共出现15次。

1	2	3	4	5	6	7	8	9	10	总计
15个	15个	15个	15个	6个	5个	5个	5个	5个	5个	91个

4. 填正方形

图中有4条边，每条边上的各数相加要是12，总和就是48。而1到8相加仅36，相差12，只能用角上4个数字重复计入才能补足。由此推算出4个顶点数相加应为12。从1到8中选4个数，相加为12，只有两种方法：1、2、4、5与1、2、3、6。试着填写，你会发现，顶点填1、2、4、5不能符合要求，而1、2、3、6可以填写。答案例举如下。

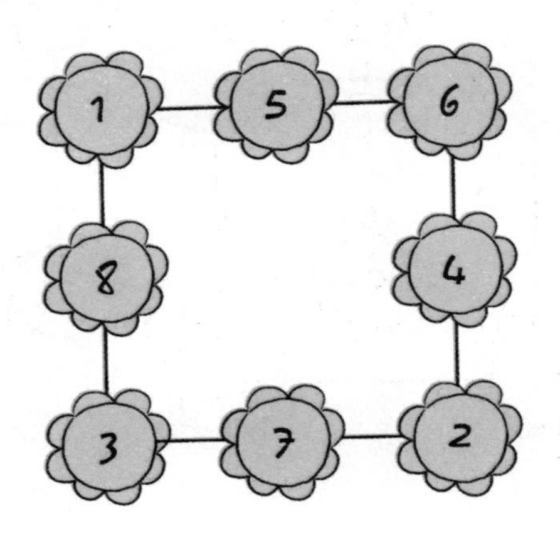

5. 填三角形

图中有3条边，每条边上各数相加要是17，总和就是51。而1到9相加仅45，相差6，只能用角上三个数字重复计入才能补足。由此推出，3个顶点数相加应为6。从1到9中选3个数，相加为6，只有一种方法：1、2、3。把它们填进顶点，再填其他6个数就方便了。答案例举如下。

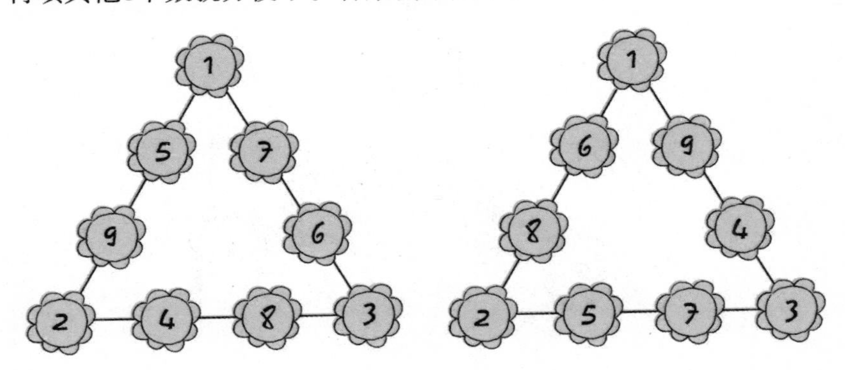

6. 填正六面体

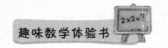

1+2+3+4+5+6+7+8=36，而立方体任意两个相对的平面就可以包括它的全部顶点（8个）了，所以每个面上4个数加起来都是36÷2=18。根据这一条，答案很快就出来了。

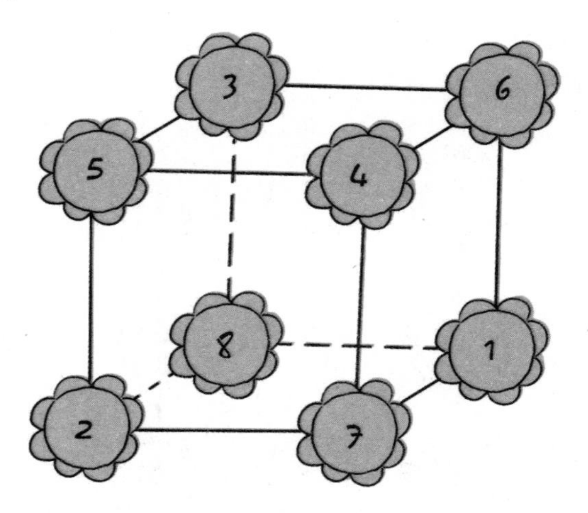

7. 花样填数

1+2+3+4+5+6+7=28，因此，中心小花朵内不能填奇数。否则余下六位数之和也是奇数，不能分成和数相等的两组，填在两个圆周上。所以中间只能填2、4或6。

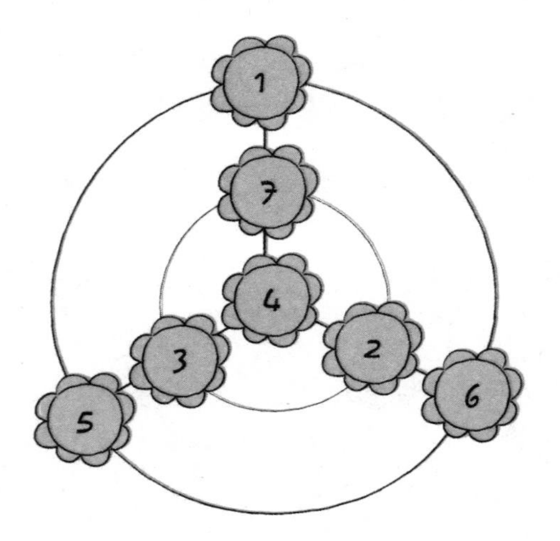

8. 填成倍数

有4种填写方法，参见如下。

1	9	2
3	8	4
5	7	6

2	1	9
4	3	8
6	5	7

2	7	3
5	4	6
8	1	9

3	2	7
6	5	4
9	8	1

9. 金字塔的秘密

问号处应填3。

（422+436）×3=2574

（719+741）×3=4380

10. 圣诞树谜题

问号处的数字是37。

从上向下进行，把每个数字乘以2，再减去5，就得到下一个数字。

11. 数字魔术

因为任意一个自然数被3除，余数只能是0、1、2这3种可能。如果把自然数按被3除后的余数分类，只能分为3类，而刘老师让同学们在纸条上写的却是4个数，那么肯定会有两个数的余数相同。余数相同的两个数相减所得的差，当然能被3整除了。

12. 趣味乘积运算

2222×5555=12343210

22222×55555=1234543210

$222222 \times 555555=123456543210$

$2222222 \times 5555555=12345676543210$

$88 \times 99=8712$

$888 \times 999=887112$

$6666 \times 9999=66653334$

$66666 \times 99999=6666533334$

$666666 \times 999999=666665333334$

$5555555 \times 9999999=55555544444445$

$555555 \times 999999=555554444445$

$55555 \times 99999=5555444445$

$4444 \times 9999=44435556$

$444 \times 999=443556$

$33 \times 99=3267$

$3 \times 9=27$

13. 奇妙的平方

这种答案只有两个：$567^2=321489$，$854^2=729316$。

14. 数字游戏

$(3 \div 2+5-1) \times 4=22$

$(5-1 \div 5) \times 5=24$

$(3+3 \div 7) \times 7=24$

15. 分桃子

一筐桃子平均分给6个人余下5个，一箱桃子的个数是小筐的4倍，分给6个人时，原来余下的个数就扩大4倍是20，20个桃子再分到不够分时，余下的数就是所求的答案，也就是20÷6=3…2，这样算起来，把一箱桃子分给6个人时，就会余下2个桃子了。

16. 和与差

得数是较小数的两倍。当从两个数的和中减去两个数的差时，就是从两个数的和中减去了较大数比较小数多的一部分，得到的结果是两个较小数的积，也就是较小数的两倍。

17. 吃羊的速度

老虎1小时吃$\frac{1}{2}$只羊，黑熊1小时吃$\frac{1}{3}$只羊，狼一小时吃$\frac{1}{6}$只羊，那么$\frac{1}{2}+\frac{1}{3}+\frac{1}{6}=1$，所以它们吃完这只羊只需要1个小时。

18. 三人买鱼

设鱼身重为x斤，已知身重=头重+尾重，所以$2+\left(\frac{2}{2}+\frac{x}{2}\right)=x$，解得$x=6$。尾重为半头半身的和，即$\frac{2}{2}+\frac{6}{2}=1+3=4$。所以，小辉付5×2=10（元），小丽付3×4=12（元），小萍付（5+3）×6=48（元）。

19. 黑熊掰玉米

先背50穗到25米处，根据题意：“每走1米要吃1穗玉米”，知道这时吃了25穗玉米，还剩25穗，把这些玉米放下，回过头来再去背剩下的50穗，走到25米处时，又吃了25穗，还有25穗。再把地上的25穗拿起来，总共50穗，继续向家走完剩下的25米，这段距离又吃了25穗，结果到家后还剩25穗。

20. 抽卡片猜数字

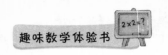

爸爸用10减去剩下的一张卡片上的数字，得到的差就是小辉抽去的卡片上的数字。这是因为，1+2+……+8+9=45，18张卡片上数字的和为45×2=90。我们假设小辉抽去的一张为7，则余数为90-7=83。以后抽去数字的和为10的所有卡片，剩下的一张一定是3。而这一张与小辉抽去的一张的数字的和也应是10，所以10减去3，差就是小辉抽去的7。

21. 锯木料的最佳方案

木匠师傅将43厘米长的木料锯5根，37厘米长的锯1根，共锯6根，锯了5次共损耗2.5厘米。43×5+37+2.5=254.5（厘米）。这样处理是锯木料的最佳方案，没有余料。

22. 小蚂蚁搬大豆

第一次搬兵：1+10=11

第二次搬兵：11+11×10=11×11=121

第三次搬兵：……

一共搬了四次兵，于是蚂蚁的总数为11×11×11×11=14641（只）。

23. 运送粮食

当汽车的速度为30公里/小时时，行驶1公里需要两分钟。当汽车的速度为20公里/小时时，行驶1公里需要3分钟。也就是说，汽车用20公里/小时的速度行驶，比用30公里/小时的速度行驶，每公里要多用1分钟的时间。从M地到N地，20公里/小时行驶的汽车比30公里/小时行驶的汽车，花去的时间要多120分钟。因此，甲乙两地的距离就是120公里。汽车以30公里/小时的速度行驶就需要4小时的时间。为了能第二天11点准时到达N地（出发时间不变），汽车在整个路程中行驶的时间是5小时，行驶速度是24公里/小时（120/5=24）。

24. 蜗牛爬行的天数

蜗牛白天往上爬3尺，晚上下降2尺，实际上每昼夜只上升1尺。经过9个昼夜，蜗牛向上爬行了9尺，离墙顶还有3尺，在第10天爬到了墙壁顶端，所以蜗牛从墙脚爬到墙顶需要10天时间。在相同情况下，如果墙高为20尺，蜗牛从墙脚爬到墙顶需要18天。

25. 分开卖的螃蟹

按小强的方法做的话，卖货阿姨是要受损失的。我们假设螃蟹有20斤，并假设蟹脚与蟹身各半。那么，原来可以卖到15×20=300（元）。现在分开卖，蟹脚6×10=60（元），蟹身9×10=90（元），加起来是60+90=150（元）。卖货阿姨会损失一半，所以小强的办法行不通。如果把蟹脚卖12元一斤，蟹身卖18一斤，就可以正好卖300元。

26. 歌唱时间

很多小朋友审题时不够仔细，缺乏思考。误把唱歌和摘玉米等一般数学题等同起来，以为一个人一小时摘3袋玉米，三个人则摘：3×3=9袋玉米。现在听到唱歌的题目，不加分析，仍然用同样的方法来解题，就错了。因为一支歌，同时合唱，在条件相同的情况下，所需要的时间也不变，仍然是3分钟。

27. 跳远比赛

从题目我们得知，在同样的时间里，袋鼠哥哥跳3次，袋鼠弟弟跳4次；但是袋鼠哥哥跳5次的距离相当于袋鼠弟弟跳7次的路程。为了便于分析比较，我们把袋鼠哥哥跳的次数定为15次（15是3与5的最小公倍数），再考虑袋鼠哥哥跳15次需要多少时间，能跳出多远。

由上面的假设，袋鼠哥哥跳15次的时间里，袋鼠弟弟跳了4×5=20（次）；而袋鼠哥哥跳15次的距离等于袋鼠弟弟跳7×3=21次的路程。虽然袋鼠哥哥和袋鼠弟弟都在前进，但是袋鼠哥哥比袋鼠弟弟跳得远，所以是能赶上袋鼠弟弟的。并由此可知，袋鼠哥哥每跳15次，可以缩短与袋鼠弟弟跳1次那样远的距离。现在袋鼠弟弟先跳10次，所以袋鼠哥哥要跳150次（$15 \times 10=150$）后才能赶上弟弟。

28. 组装车辆

我们先用7根火柴排成一行，表示车把的数目，然后在每根火柴的下面，都各自配上两根，表示每个车先分配两个胶轮。这样，第一行和第二行共用去21根火柴。接着，把剩下的3根火柴，再按次分配到每个车把下面，排成第三行。于是一眼便看清楚：分配到三个胶轮的有3辆，分配到两个胶轮的有4辆。也就是说，可以装配成3辆三轮车和4辆自行车，爷爷的难题解决了。

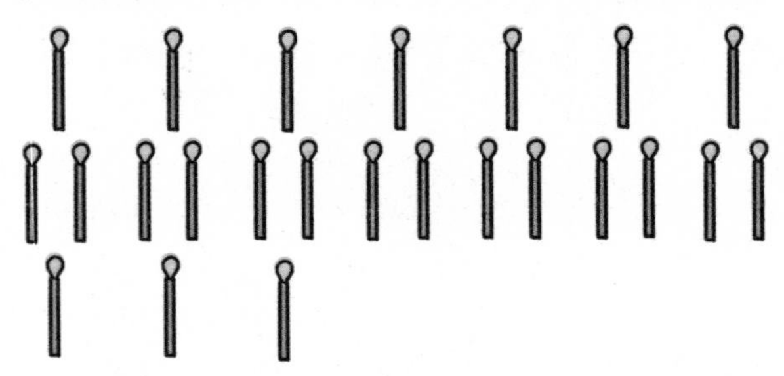

29. 十五个小花朵

这15个小花朵的位置如下图所示，可见两个三角形及小花朵的编号数之和都是48。

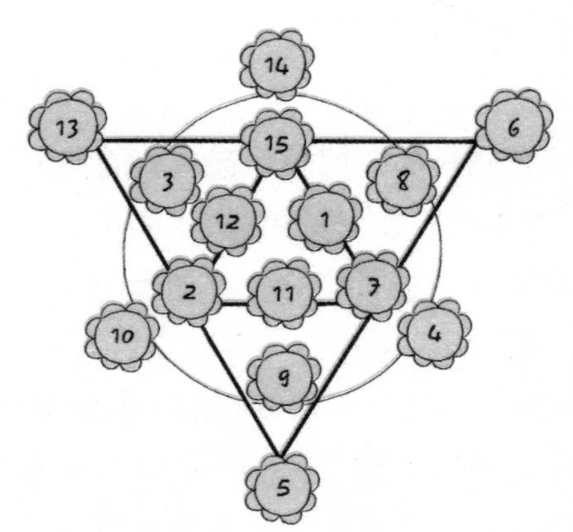

30. 空中飞人

如下图所示，16名杂技人员应该这样占据空间的位置，才能保证任何一个环上的数字之和为50。

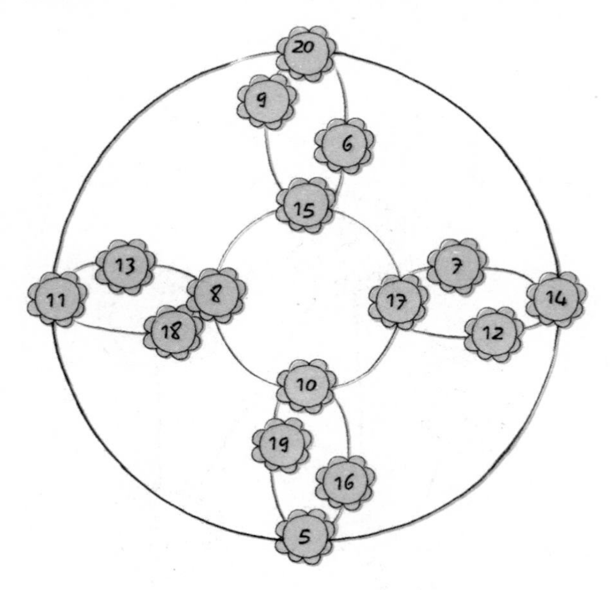

31. 体操组画

15名运动员是1号到15号，他们各自站的位置如下图所示。

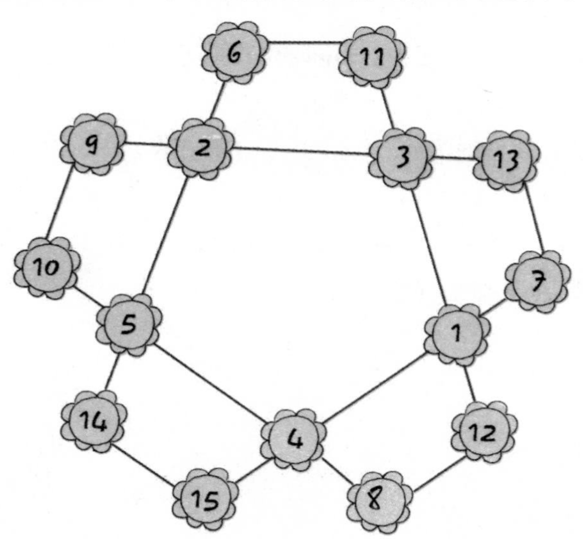

32. 数字迷局

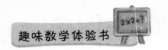

6。把整个图形分成相等的4个部分，每部分都包含一个3×3的圆形。当你顺时针方向移动时，相同位置的数字每次都会加上1。

33. 奇怪的等式

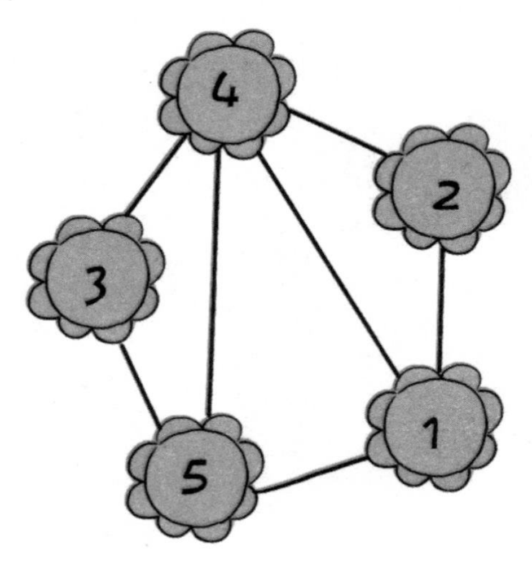

34. 粗心的小亮

5个数的平均数就相当于5个相同数被5除后所得的商，加上一个相同数后，再求出它们的平均数，值是不变的。

可以假设这5个数分别为x、（x+1）、（x+2）、（x+3）、（x+4），原平均数是：$[x+(x+1)+(x+2)+(x+3)+(x+4)]\div 5=x+2$，第二个平均数是：$[x+(x+1)+(x+2)+(x+3)+(x+4)+(x+2)]\div 6=(6x+12)\div 6=x+2$，所以，第二个平均数和正确平均数的比值是1。

35. 羊的数量

设这群羊共有x只，根据题意可得：$x+x+\frac{1}{2}x+\frac{1}{4}x+1=100$，解这个方程得$x=36$，即牧羊人放牧的这群羊共有36只。

36. 玻璃球的个数之和

根据题意，我们很容易将第63个玻璃球个数之和计算出来，而第60个玻璃球个数之和跟它差不多，倒推回去，就能够很快算出结果。

由题目已知条件知，第63个玻璃球个数之和是：1+3+9+27+81+243=364，于是第62个玻璃球个数之和应该是：364−1=363；第61个玻璃球个数之和是：364−3=361；第60个玻璃球个数之和是：364−3−1=360。

37. 还是原来的数

原来，把一个三位数的三个数字重复一遍，等于把它乘了1001。例如：

$$
\begin{aligned}
327327 &= 327000+327\\
&= 1000\times 327+1\times 327\\
&= 1001\times 327
\end{aligned}
$$

而1001正是7×11×13，所以，把某三位数的数字重复组成六位数，再除以7、除以11、除以13，恰好等于将原数乘1001，再除以1001，所以必定等于原数，而且必定都能除得尽。

38. 巧算年龄

小辉的计算方式是：（年龄×5+6）×20+月份−365=x，可以变成5×20×年龄+6×20+月份−365=x，也就是100×年龄+月份−245=x。从这个算式中可以看出，如果245这一项没有的话，则前两项之和组成的3位或4位数，年龄在前两位上，月份在后两位上（或个位上）所以把答案加245就等于把245这一项消除了，当然可以立即得到对方的年龄和月份了。

39. 葛朗台的金币

2、3、4、5、6的最小公倍数是60，所以必须找一个比60的倍数大1的数，而且这个数也要是7的倍数，也就是60n+1。因为60n+1=56n+4n+1，其中56n一定能被7整除，所以只要4n+1能被7整除就可以了，由此我们很容易得出这个最小的n为5，所以金币数为60×5+1=301（枚）。

40. 水中航行速度

在相同的时间内，顺水可航行20−17.6=2.4（千米），逆水可航行3.6−3=0.6（千米）。于是求出在相同时间内顺水航程是逆水航程的2.4÷0.6=4（倍）。那么顺水航行的航速也就是逆水航行航速的4倍，从而我们可以求出顺水与逆水的航速。

顺水航速为：（20+3×4）÷4=8（千米）

逆水航速为：（20÷4+3）÷4=2（千米）

船在静水中的速度为：（8+2）÷2=5（千米）

水流速度为：（8−2）÷2=3（千米）

即船在静水中的速度为每小时5千米，水流速度为每小时3千米。

41. 聪明的鸽子

这个问题实际上比较简单，只要仔细思考一下，是非常容易解决的。先要知道鸽子一共飞行了多长时间，问题就大大简化了。而小辉和小亮骑行的时间与鸽子飞行的时间相等。运动员的速度是每小时50千米，两人相遇需要3个小时。鸽子也就飞行了3个小时，共飞行300千米。

42. 拔萝卜

假设准备走出萝卜地时，兔哥哥的篮子里有x个萝卜，那么，快到家时，它只有$\frac{x}{2}$个；根据题意，兔姐姐当时有$\frac{x}{2}+2$个；兔妹妹当时是$\frac{x}{2}-2$个；兔弟弟当时有$\frac{x}{2}\div 2=\frac{x}{4}$个。而$x+\left(\frac{x}{2}+2\right)+\left(\frac{x}{2}-2\right)+\frac{x}{4}=72$，解得$x=32$。所以，当它们走出萝卜地时：兔哥哥有32个，兔姐姐有18个，兔妹妹有14个，兔弟弟有8个。当它们快到家时：兄妹四人各有16个，总共64个。

43. 馋嘴的小猫

设小花猫捉了x条鱼，

第一天：吃掉$\frac{x}{2}+1$，剩下$x-(\frac{x}{2}+1)=\frac{x}{2}-1$；

第二天：吃掉$\frac{1}{2}(\frac{x}{2}-1)+1=\frac{x}{4}+\frac{1}{2}$，

剩下$(\frac{x}{2}-1)-(\frac{x}{4}+\frac{1}{2})=\frac{x}{4}-\frac{3}{2}$；

第三天：吃掉$\frac{1}{2}(\frac{x}{4}-\frac{3}{2})+1=\frac{x}{8}+\frac{1}{4}$，

剩下$(\frac{x}{4}-\frac{3}{2})-(\frac{x}{8}+\frac{1}{4})=\frac{x}{8}-\frac{7}{4}$；

而第三天剩下1条，即$\frac{x}{8}-\frac{7}{4}=1$，解得$x=22$。

这样我们就知道小花猫一共捉了22条鱼，第一天就吃了12条，难怪4天就吃完了。

44. 九宫数独

8	2	7	9	6	5	1	4	3
3	6	4	1	2	7	5	9	8
5	9	1	8	3	4	6	2	7
7	5	8	6	1	9	2	3	4
4	1	2	5	8	3	7	6	9
6	3	9	4	7	2	8	5	1
9	7	6	2	4	8	3	1	5
1	8	5	3	9	6	4	7	2
2	4	3	7	5	1	9	8	6

5	6	3	2	8	1	7	4	9
1	4	8	9	7	3	6	5	2
2	7	9	6	4	5	3	8	1
9	5	2	4	3	6	1	7	8
3	8	7	5	1	9	4	2	6
4	1	6	7	2	8	5	9	3
8	9	1	3	5	7	2	6	4
7	3	4	8	6	2	9	1	5
6	2	5	1	9	4	8	3	7

45. 旧纸片上的“质数”

根据题目条件，在每一个“★”号的地方只能填2、3、5或者7。由于式子中第三、四行都是四位数，因此首先要求一个三位数和一个一位数，使其乘积是一个四位数，并且在被乘数、乘数及乘积中只能出现上面的4个数字。经过推算，只有以下4种可能：$775\times3=2325$，$555\times5=2775$，$755\times5=3775$及$325\times5=2275$。

在上面这4种情形中，被乘数都不相同，因此，要满足题中的条件，乘数只能是两个数字相同的两位数，即只能以是以下4种情况：775×33，555×55，755×55，325×77。

在这4种情形中，能使所得的数的数字都是质数的只有第一种情况，因此旧纸片上的算式只能是：

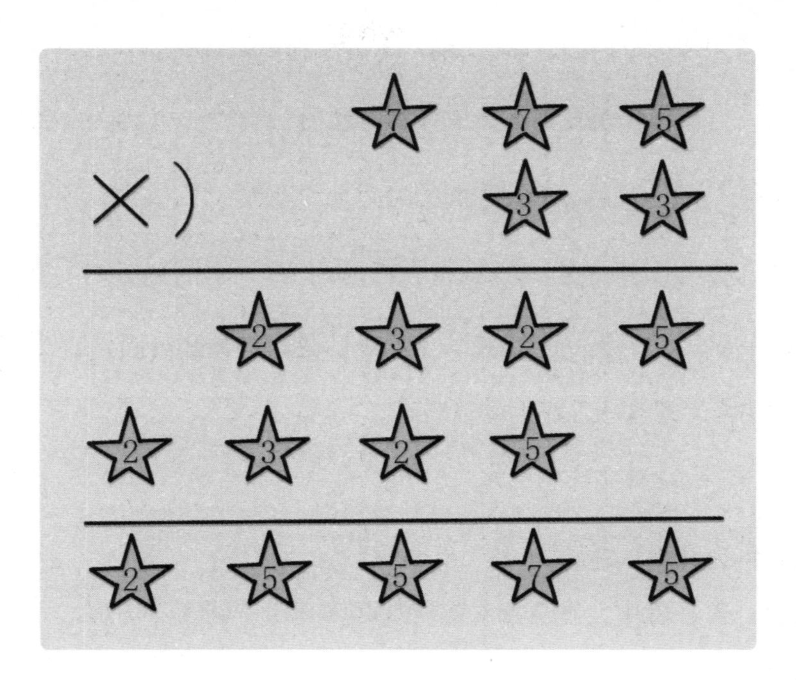

46. 币值不同的硬币

小辉的结论是对的。假定偶数的钱币放在右手里，而奇数的钱币放在左手里，那么偶数乘以3依然是偶数，奇数乘以2同样是偶数，而两个偶数的和一定是偶数。在这种情况下，右手里放的是偶数钱币。

假定奇数的钱币放在右手里，偶数的钱币放在左手里，那么奇数乘以3依然是奇数，而偶数乘以2必定是偶数。奇数与偶数的和一定是奇数。在这种情况下，右手里放的就是奇数钱币。

47. 现在几点了

时间的表示方法有两种：一种是从每天夜间零点开始算起的累计表示法。这样下午的时间就可以表示为十三点、十七点……

另一种是将钟表上的数字直接读出来，这样下午的时间就表示为下午一点、下午五点……

由于这两种不同的时间表示方法，我们给出两个解题方案。

（1）设小强问的时间是x点，则今天中午到现在的时间是$x-12$，它的四分之一为$\frac{x-12}{2}$，加上从现在到明天中午的时间的一半$\frac{x+12}{2}$，即为小强问的时间x。$\frac{x-12}{2}+\frac{x+12}{2}=x$，$x=12$，即小强问的时间是12点钟。

（2）设从今天中午十二点到现在的时间为x，它的四分之一为$\frac{x}{4}$，加上现在到明天中午十二点的时间的一半$\frac{24-x}{2}$，就是现在的时间x。$\frac{x}{4}+\frac{24-x}{2}=x$，$x=9.6$，即小强问的时间是晚上9点36分。

48. 看不见的扑克牌

黑桃5。每一列中，垂直相对的牌加起来等于中间相对的牌，而花色则上下相对应。

49. 扑克牌中的数学游戏

第一组：$2^3\times(1+2)=24$

第二组：$\dfrac{8}{3-\frac{8}{3}}=24$

第三组：$5\times5-1^5=24$

第二章
美丽的图形与符号

1. 连接4条直线

难易指数：★☆☆☆☆

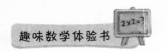

一天晚上，小辉的爸爸在纸上画了6朵小花，对小辉说："你看，现在要把3朵小花连成一条直线，只能连出两条直线。我现在想要你擦掉一朵小花，把它画在另一个地方，连接成4条直线，让每条直线上都有3朵小花。"小辉尝试了一会儿，很快就按爸爸的要求画出了图形。

小朋友，你知道小辉是如何做到的吗？

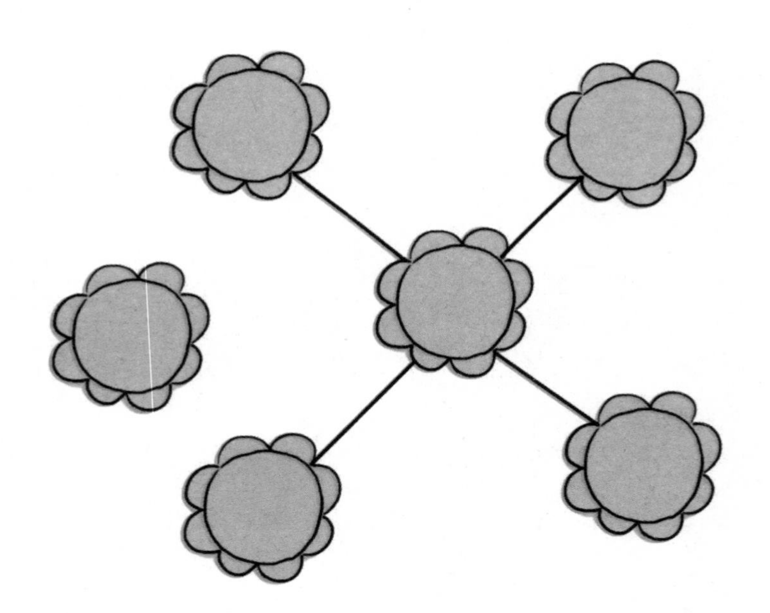

2. 三刀切西瓜

难易指数：★☆☆☆☆

刘老师来到小辉家里家访，妈妈让小辉拿出西瓜招待刘老师。正当小明拿起刀准备切西瓜的时候，刘老师叫住了他，并给他出了一道题目：用刀切西瓜，只能切三下，要切出7块西瓜来？小辉思索了下，很快就切好了。

小朋友，你知道小辉是怎么做的吗？

只要三刀
就可以切出来，
这不可能吧！

我知道怎
么切了，小朋友
们知道了吗？

3. 巧测建筑物的高度

难易指数：★☆☆☆☆

（1）我们选择一个晴天的午后，在建筑物前面立一根棍子。

（2）测量棍子的长度和棍子的影子长度，然后测量建筑物影子的长度。

（3）用建筑物影子的长度乘以棍子的长度再除以棍子的影子长度，得出的数值就是建筑物的大概高度。

小朋友，你知道为什么能依此测算建筑物的大概高度吗？

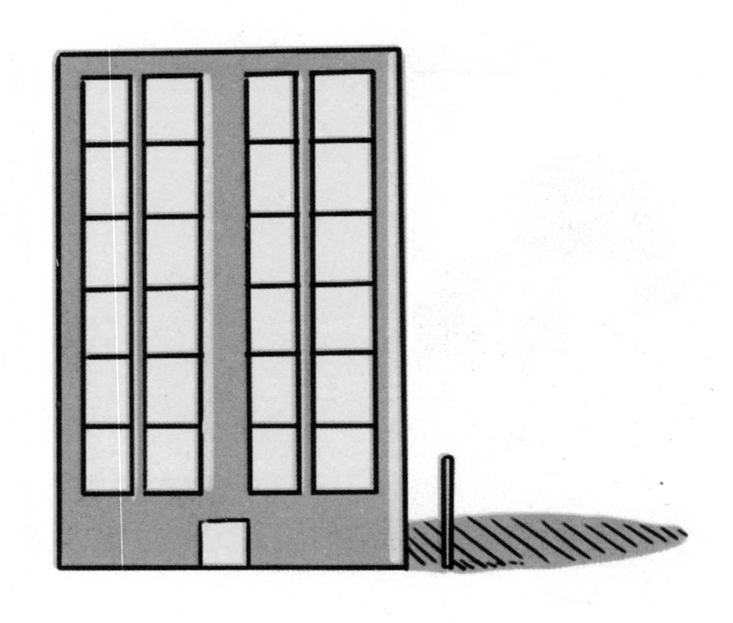

4. 圆形的数目

难易指数：★☆☆☆☆

下面这个图是把几个圆错开排列的图形。各个圆的直径相同，请问下图中究竟有几个圆呢？

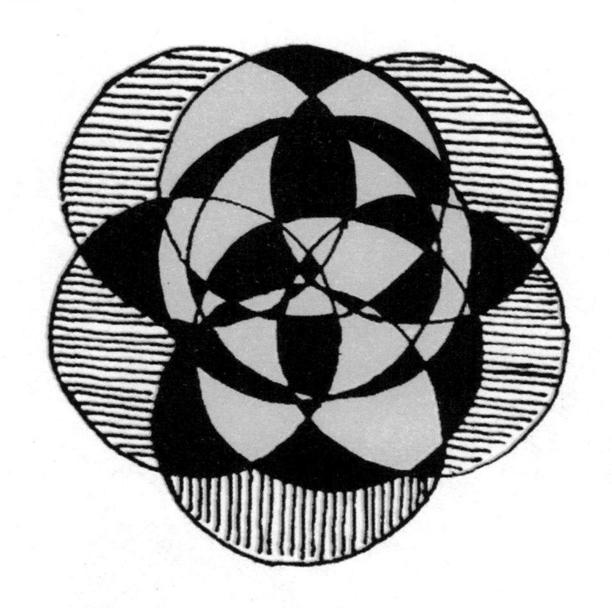

5. 小纸条变成五角星

难易指数：★☆☆☆☆

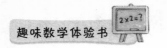

小辉的班级活动需要准备许多个五角星，这可愁坏了小辉。刘老师告诉小辉说："我有一个好方法，不用圆规和直尺，只用一张小纸条就能解决。"你知道这个方法是什么吗？

到底是什么方法啊，我怎么想不出来，你们想到了吗？

6. 拼成正方形

难易指数：★★☆☆☆

图中是要剪的方格纸，请你把它分成三份（剪两处），拼成正方形。怎么剪才能做到呢？

我知道该怎么做了，你们想到了吗？

大家一起动手试一试吧！

7. 会变化的四边形

难易指数：★★☆☆☆

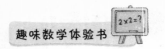

小辉和一群小朋友想比较四边形与三角形的区别，他们找来了7根木棍、一捆绳子和一把剪刀。接着按下面的步骤做出四边形与三角形。

（1）试着用木棍摆出一个四边形和一个三角形。

（2）用绳子将木棍交叉的地方都绑起来，组成一个四边形和一个三角形。

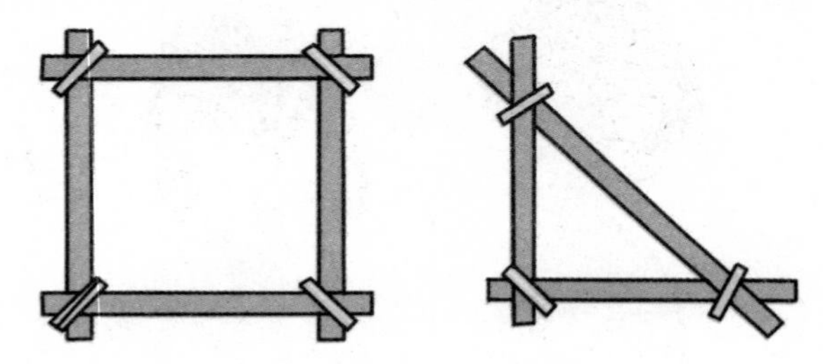

（3）双手用力挤压它们，你会发现什么奇怪的现象呢？

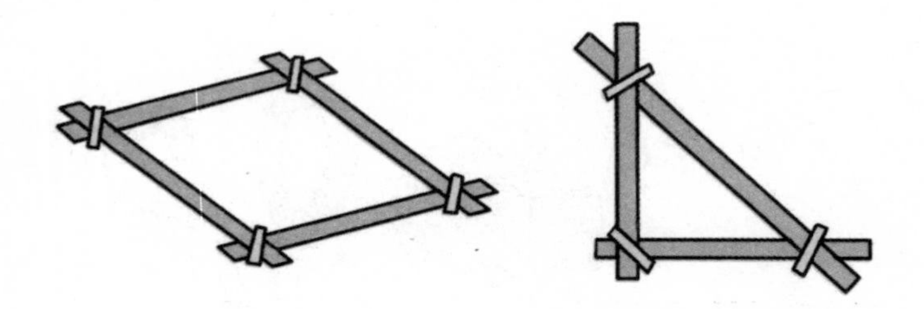

（4）在四边形的对角多加一根木棍，再用力挤压看看，你又能发现什么？

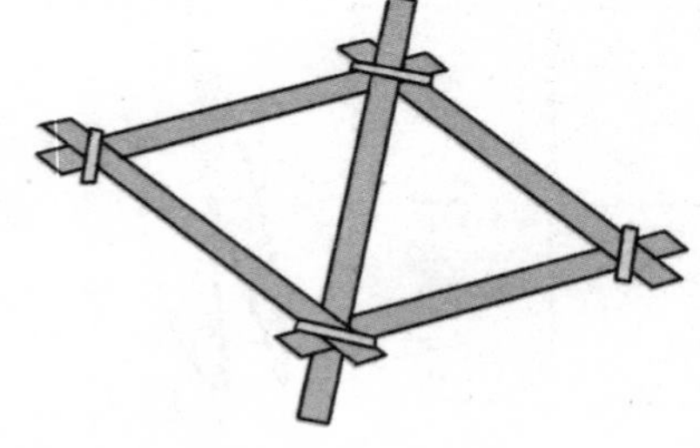

8. 巧移砖头

难易指数：★★☆☆☆

小辉帮助乡下的爷爷砌猪圈，搬来了好多砖头。爷爷笑着说要考考小辉关于砖头的问题："这里有12块砖，排成下列图形。每块砖都是一个正方形的一个端点。这样的正方形共有6个。如何移走3块砖，使得只剩下3个正方形？"小辉想了想，很快就给出了答案。

小朋友，你知道怎么做吗？

9. 聪明的欧拉

难易指数：★★☆☆☆

欧拉小时候在家帮助爸爸放羊，随着羊群不断扩大，原来的羊圈不能装下这么多羊了。爸爸打算再修建一个新的羊圈，他用尺量出了一块长40米、宽15米的长方形土地，算了下，刚好面积是600平方米。等做好准备工作时，他才发现材料根本不够用，手头的材料只能围100米的篱笆。如果把羊圈围成长40米、宽15米，其周长将是110米。这个问题可难倒了欧拉的爸爸，到底怎么办才好呢？

这时，欧拉对爸爸说，不用缩小羊圈，也不用担心每只羊的占用面积会变小，他有办法解决这个问题。欧拉很快将自己想好的设计方案写了出来，父亲一看频频点头。于是，在欧拉的帮助下，爸爸的羊圈扎上了篱笆，长100米的篱笆正好用完，面积不但够用还比预想的要稍微大一些。

小朋友，你们知道欧拉是怎么办到的吗？

10. 粮仓的容积

难易指数：★★☆☆☆

小辉爷爷家准备建新粮仓，图中是新粮仓的模型侧视图。可是，爷爷提出："如果这样盖，房顶部分就变成了三角形，无法装东西，很不经济合理。"于是，设计师就用剪刀剪了两个地方，把设计图改成了和原图同样面积的正方形。大家都来猜一猜，他使用了什么方法？

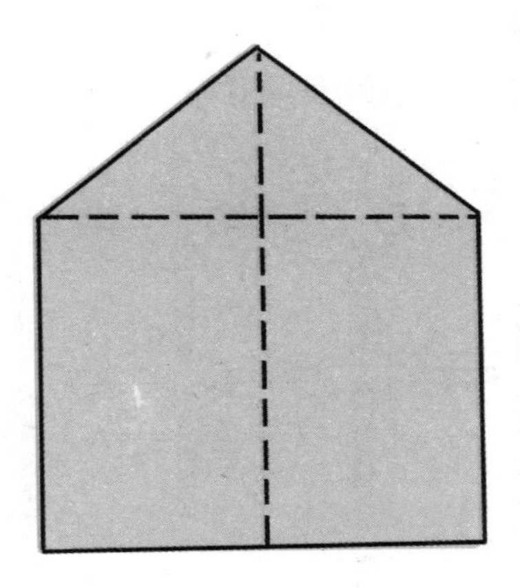

这个方法其实很简单哦。

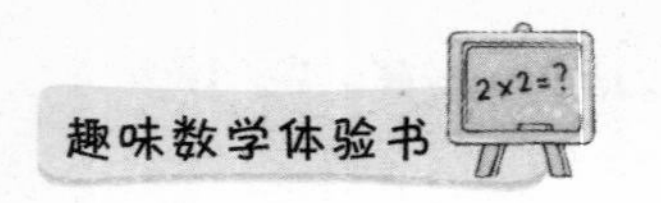

11. 正方形的变化

难易指数：★★☆☆☆

用24根火柴棍，按图中那样拼成正方形。现在，我们想要做出如下改变，怎么样才能实现呢？

（1）拿走4根，拼成同样尺寸的5个正方形。

（2）拿走6根，拼成三个正方形。

（3）拿走8根，拼成三个正方形。

（4）拿走8根，拼成大、小两个正方形。

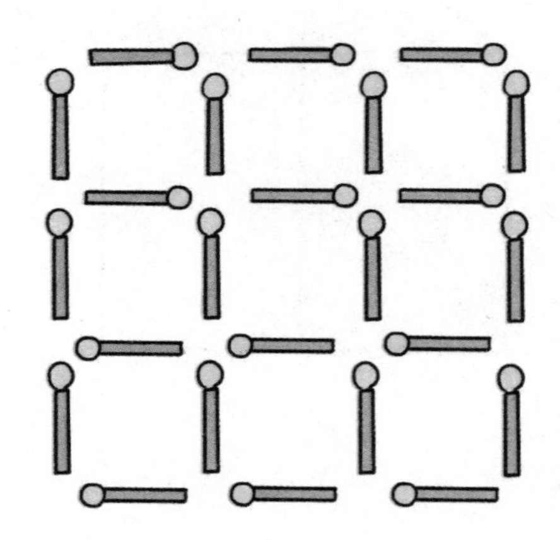

这些小火柴真是能摆出各种各样的图形啊，大家都动手试一试吧！

12. 数不清的三角形

难易指数：★★☆☆☆

小辉和爸爸出去旅行，坐在隔壁车座位上的叔叔在纸上画了一个这样的图形，他问小辉："小朋友，你知道图中一共有多少个三角形吗？"小辉看了看，就开始寻找其中的规律。10分钟后，他就给出了正确的答案。

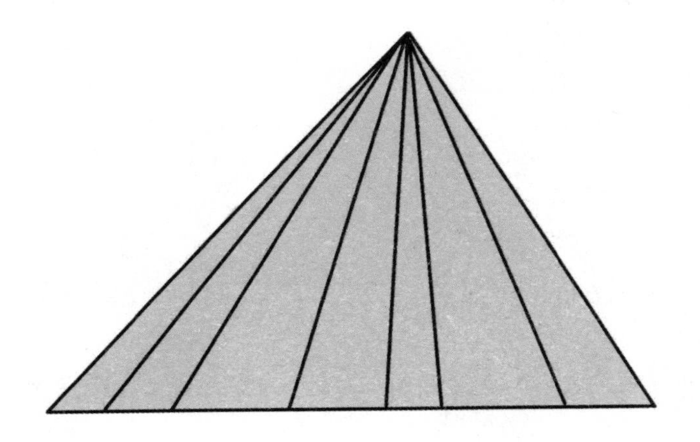

聪明的小辉这么快就找到了答案，你们找出其中的规律了吗？

13. 物体的面

难易指数：★★☆☆☆

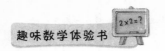

小辉问爸爸："什么是面啊？"爸爸说："组成立体平面的图形，叫作面。面有平面、曲面，像我这个水杯周围的一圈都是面！"小辉一副似懂非懂的样子。到底什么是面呢？爸爸的回答并不全面，为了更好地理解面的含义，我们可以在各种物品的表面涂上颜色，然后印在纸上，观察它们的形状。

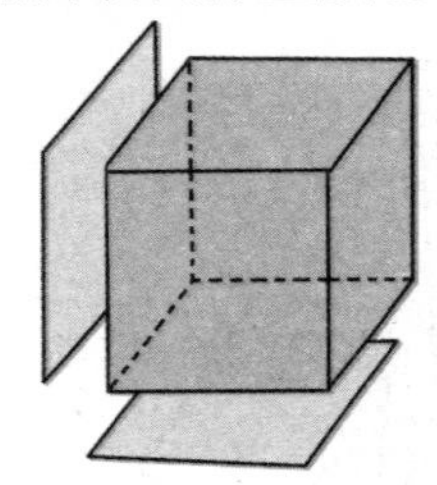

将上图各个面印在纸上，都是正方形。

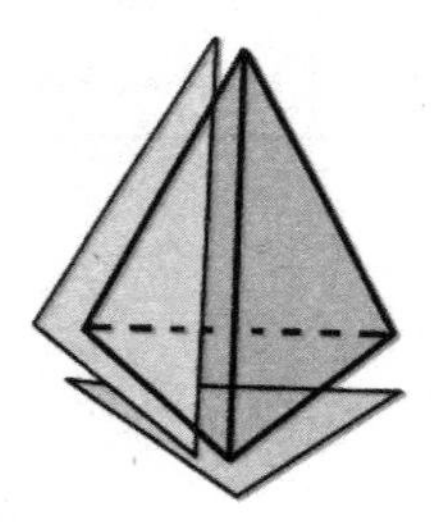

将上图各个面印在纸上，都是三角形。

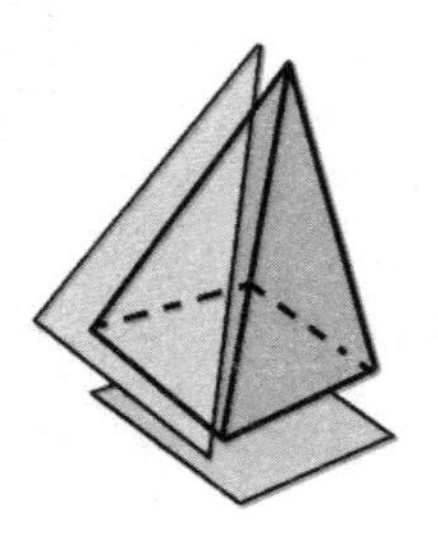

将上图各个面印在纸上，有的面是正方形，有的面是三角形。

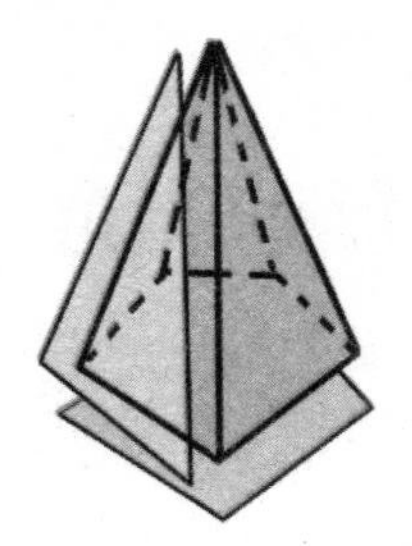

将上图各个面印在纸上，有的面是五边形，有的面是三角形。

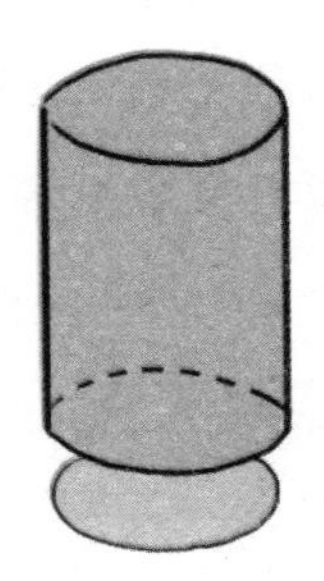

将上图各个面印在纸上，底面是圆形。

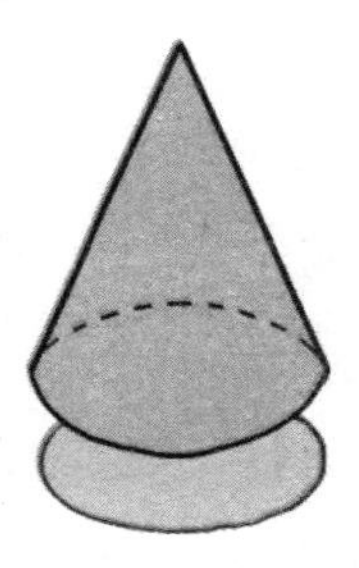

将上图各个面印在纸上，底面也是圆形。

印出来的三角形、正方形、五边形、圆形等都是平面图形，它们没有厚度，只有形状，这些面就像我们盖图章的时候印出来的形状，也像物体的影子。

小朋友，这下能理解什么是“面”了吧！下面我们一起来看一道题目：

用橡皮泥把三根火柴粘起来，可以组成一个正三角形。再给你三根火柴和一小块橡皮泥，你能搭出四个正三角形来吗？

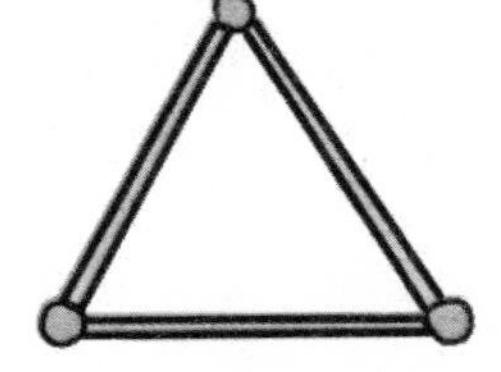

14. 圆形的车轮

难易指数：★★☆☆☆

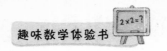

小辉骑着自行车去上学，半路上自行车车胎没气了，找到一家自行车修理铺，老板帮助他把车胎充满了气，同时问了他一个问题："小朋友，你知道为什么车轮是圆形的吗？"小辉一下子没有反应过来，自己从来没有思考过这个问题。车铺老板给他解释说："这个跟圆的特性有关。"

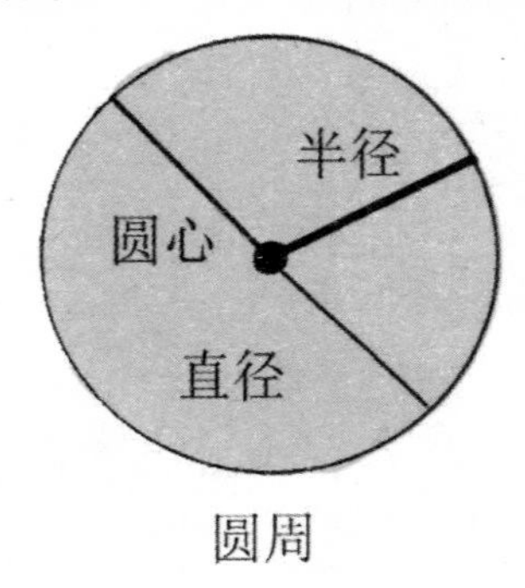

圆周

圆的特性：圆心、半径和直径。圆形状与其他形状相比，最明显的特征就是从圆周上任意一点到圆心的距离都是相等的。而其他形状则不同，例如三角形、正方形、六边形。

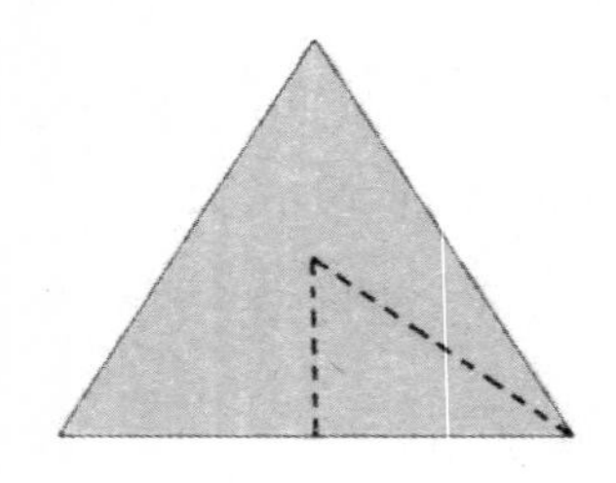
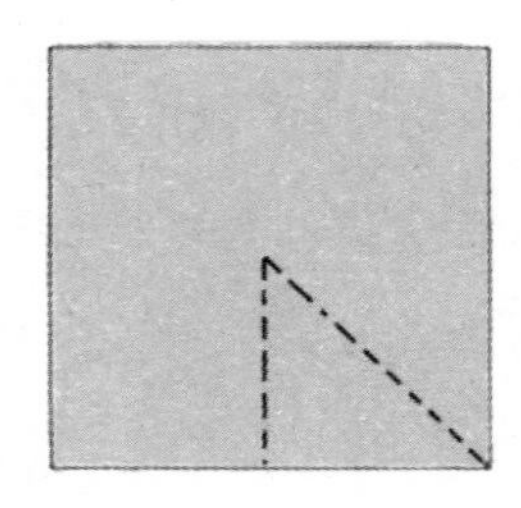
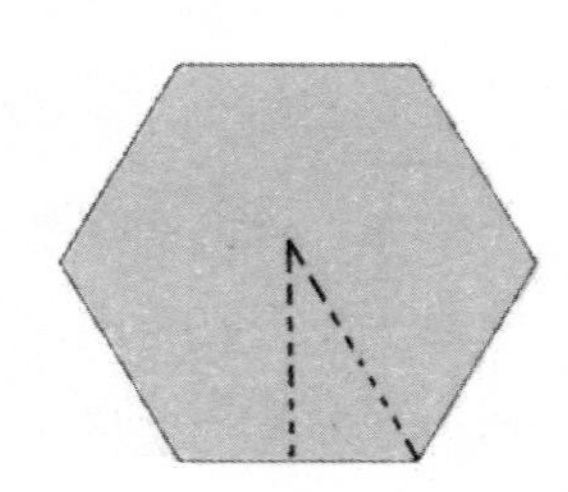

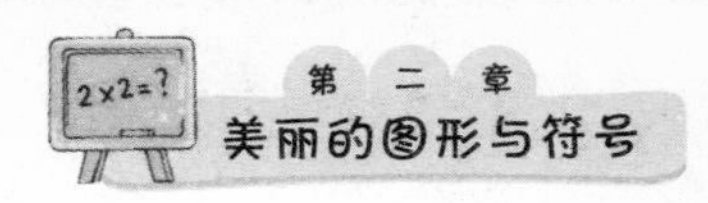

因此，我们把车轮做成圆形的，将车轴安装在圆心的位置，当车轮转动时，车轴与地面的距离一直等于车轮的半径，这样车才能开得平稳，坐在车上的人也能感觉舒适了。

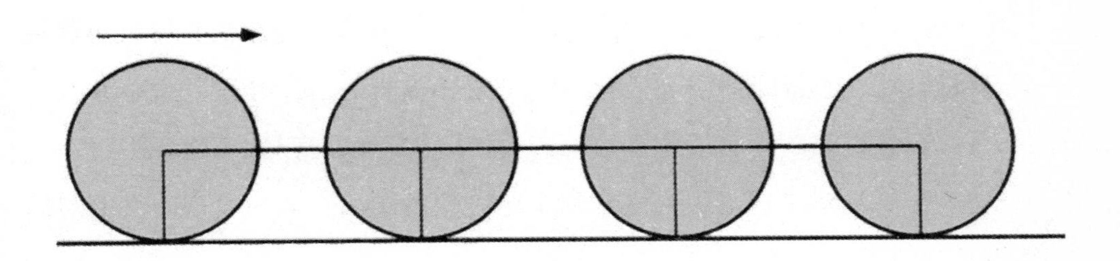

设想一下，如果车轮是六边形的，你还能坐得安稳吗？

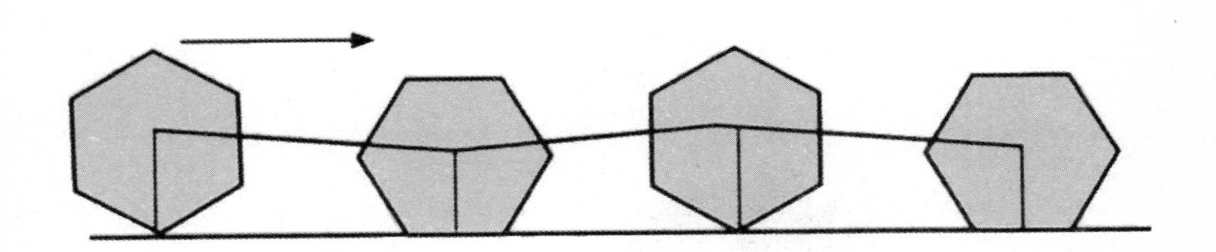

小辉一下子明白了其中的缘故。

15. 自行车的轨迹

难易指数：★★☆☆☆

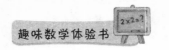

小辉告诉小丽和小强，通过自行车的轨迹可以计算出轮胎的直径。小丽和小强不相信，决定亲自测试下，核实这到底是不是真的。

（1）小强骑着自行车穿过一个小小的雨水洼，然后骑上一段距离。

（2）小丽量出了这段距离出现的水印之间的距离，然后发现，真的可以测算出轮胎的直径。

小朋友，你知道这是为什么吗？

16. 拆散六边形

难易指数：★★☆☆☆

这个图是用12根火柴棍拼成的正六边形，中间包含6个正三角形。现在只移动两根，就能组成5个正三角形。再移动两根，便组成4个正三角形。依次这样做，每移动两根，把正三角形3个、2个地递减下去。应该怎么做才好呢？

小要求：12根火柴棍一定要成为各三角形的一边。

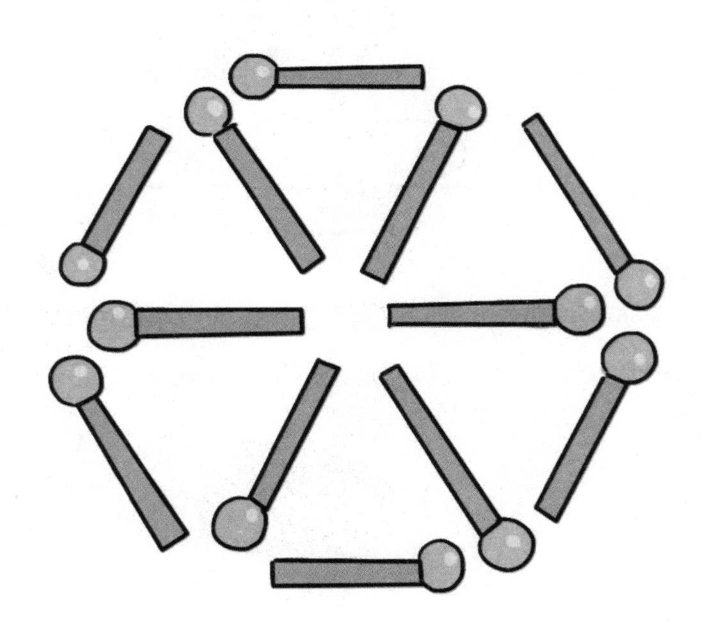

17. 洞口变大了

难易指数：★★☆☆☆

小辉和爸爸在家里做洞口穿硬币的游戏，他们找来了一张16开的白纸，一枚5角硬币和一枚1元硬币。

（1）在纸上按照5角硬币的大小剪下1个小洞，试着让1元硬币通过，小辉发现很难做到。

（2）小辉将纸对折，让圆洞变成两个半圆，然后小心地将1元硬币放在对折的白纸中间，轻轻拉动纸，发现硬币从圆洞中掉了出来。

小朋友，你知道为什么1元硬币能通过圆洞吗？

18. 谁的表面积更大

难易指数：★★☆☆☆

9枚九子棋和16枚象棋的匣子一样大小，正好排紧整整一盒（如下图所示）。这里我们假设匣子每条边长12厘米，小辉现在要给棋子的表面涂色，大家猜一下每副九子棋的表面积与每副象棋的表面积哪个更大一些？

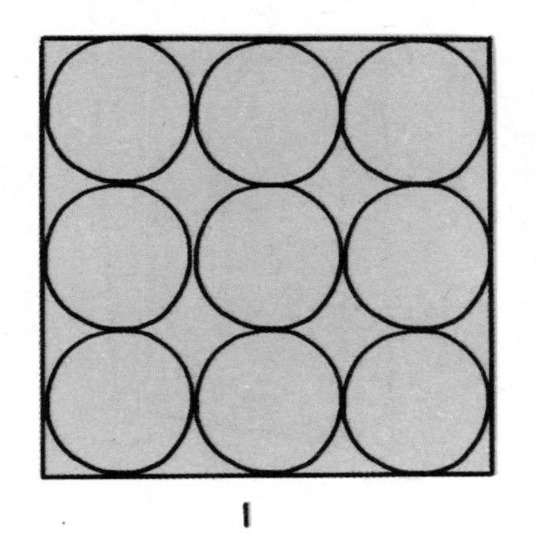

1

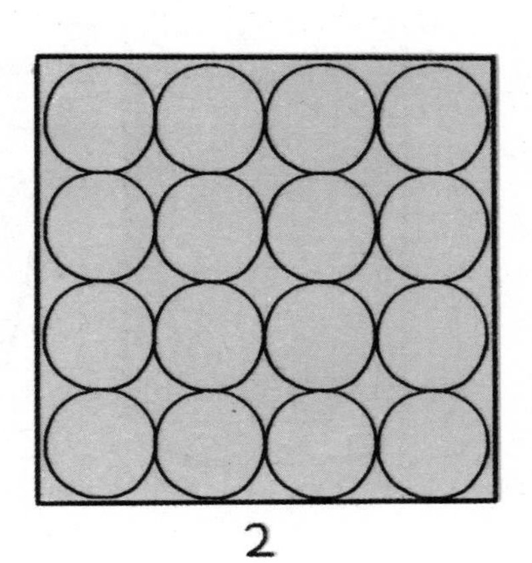

2

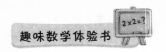

19. 哪种形状的容积最大

难易指数：★★☆☆☆

妈妈问小辉：“你知道哪种形状的容积最大吗？”小辉想了想说：“我们一起做个实验比较下，就知道答案了。”

他找来了3张硬纸，一瓶胶水，一袋大豆，3个玻璃杯作为材料。

（1）取3张硬纸分别用胶水粘成圆柱体、三角锥体、长方体。

（2）分别给这3张纸做的容器倒满大豆，然后分别倒入3个玻璃杯中。

（3）通过比较玻璃杯中米的高度，你会发现圆柱体的容器装的大豆是最多的。

小朋友，你知道为什么圆柱体的容积最大吗？

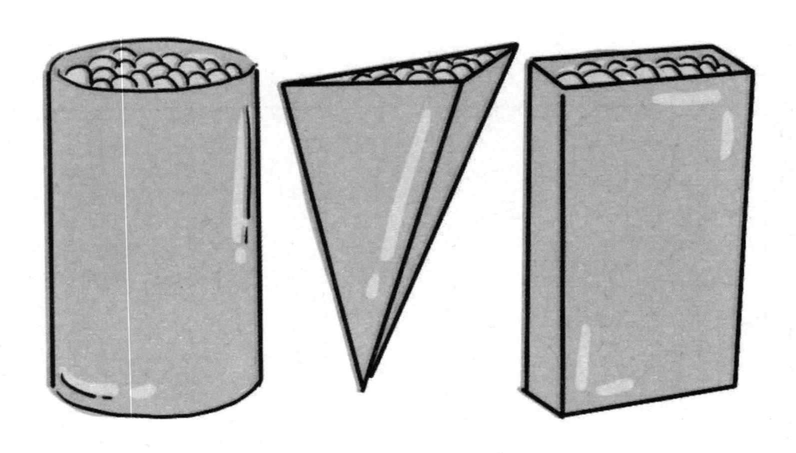

20. 制作立方体

难易指数：★★☆☆☆

小辉打算制作立方体，下面提供了几种图形方案，你觉得哪些是可行的？

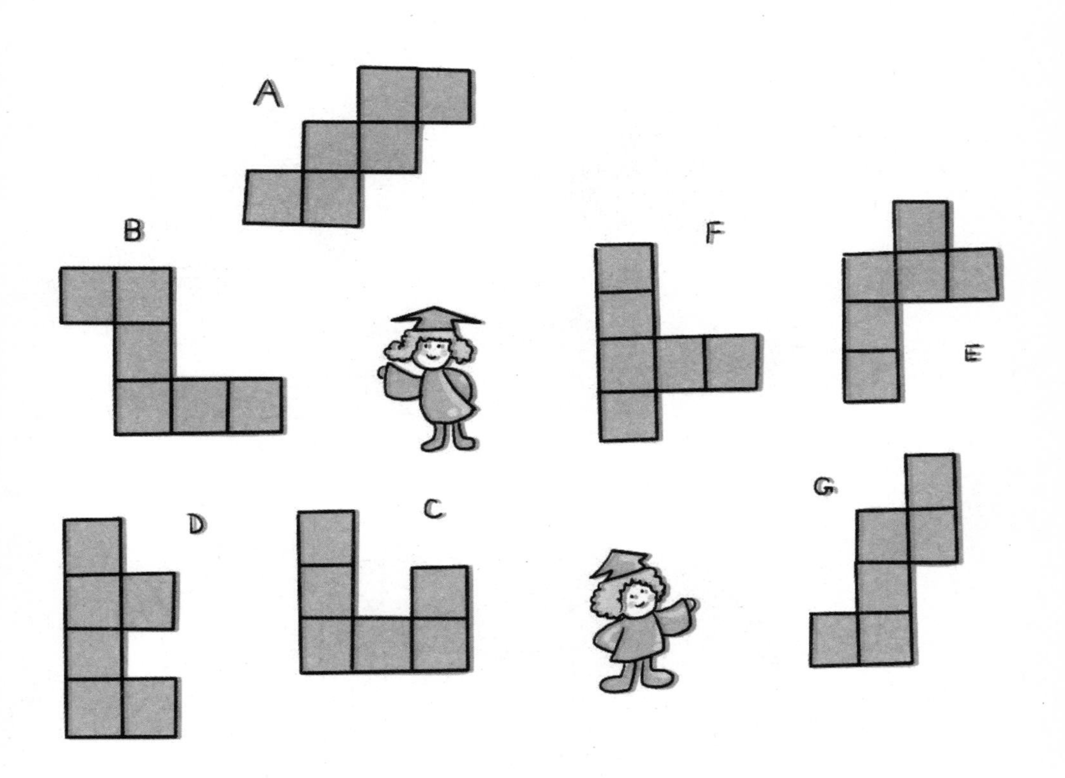

21. 被切掉的盒子

难易指数：★★☆☆☆

下图是一个正方体的盒子，现在把盒子的每个顶点处切掉一块，切掉的部分的大小一样，如下图所示，得到了一个新的立体图形。那么，这个图形一共有多少条棱呢？

让我来数一数！
你知道什么方法能更快的计算出来吗？

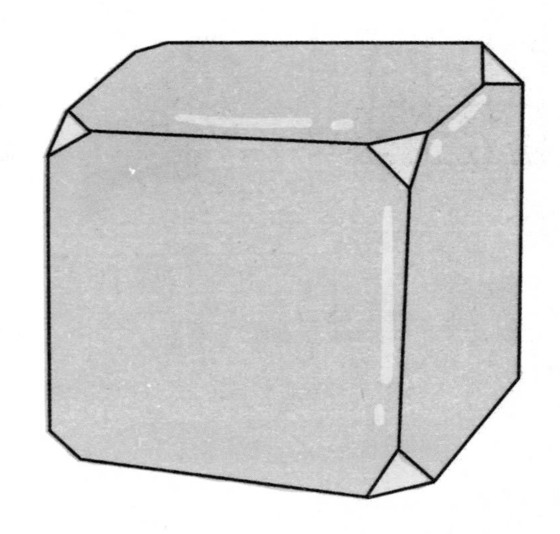

22. 爬行的蜗牛

难易指数：★★☆☆☆

两只蜗牛以相同的速度同时从A点出发向B点爬行（如图所示），一只沿着大圆弧爬，另一只沿着3个小圆弧爬。你觉得哪只蜗牛会先爬到B点？

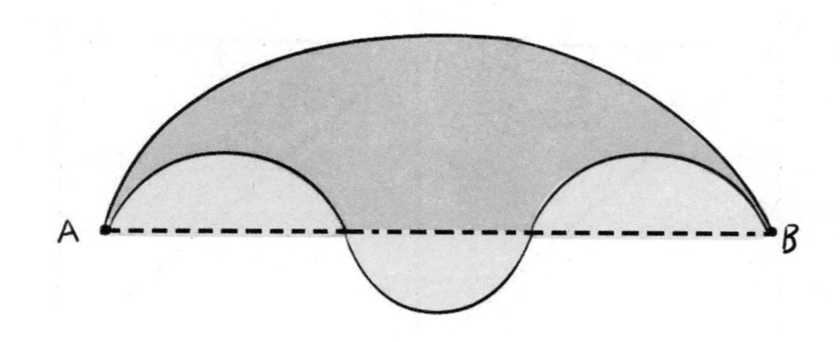

一看就是3个小圆弧的路线比较长！

有时候别太相信自己的眼睛哦！

23. 不同的走法

难易指数：★★☆☆☆

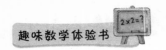

小辉家住在A处，小亮家住在F处（如下图所示）。现在，小辉要去小亮家，他行进中的每一个路口、每一条街道只允许经过一次。那么，小辉从自己家到小亮家，总共有多少种走法呢？

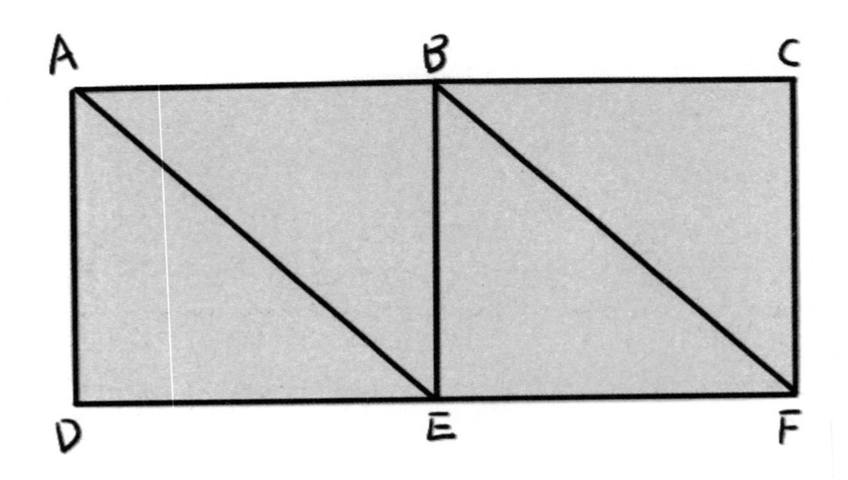

24. 怎样架桥最合理

难易指数：★★☆☆☆

一条大河的宽为100米，在河岸的两边有AB两点，AB两点的垂直距离为300米（如图所示）。请问，现在某建筑队要在这条河上架设一座桥，要求从A到B走的距离最短，河的宽度是一定的，同时不允许斜着架桥。我们该怎么做呢？

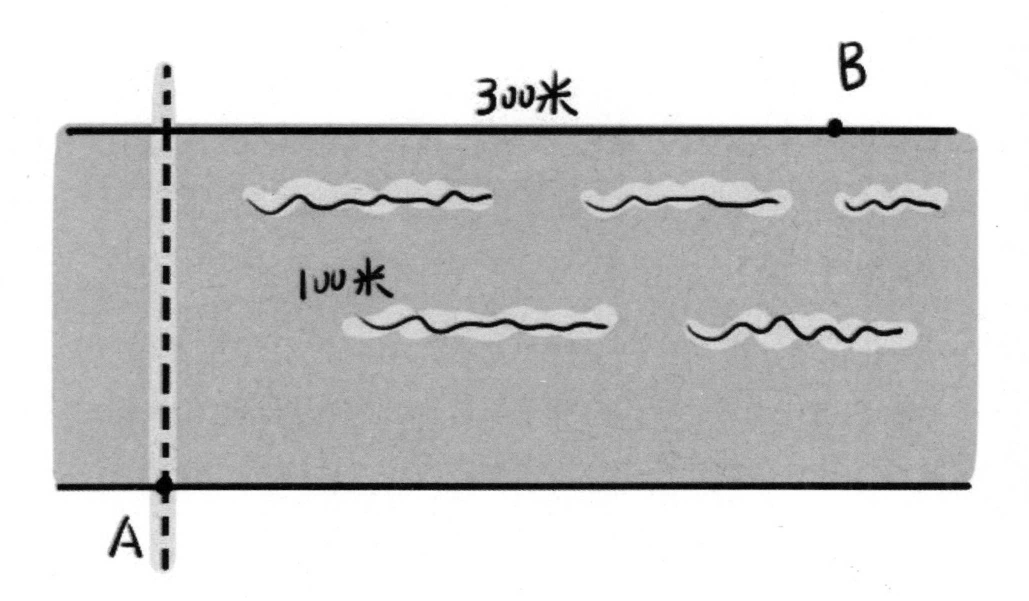

25. 单面魔环

难易指数：★★☆☆☆

小辉最近学会了一个新的数学魔术，他会做一种单面魔环，先来看看他的表演过程吧！

使用的工具有：一条长60厘米的宽纸条，一瓶胶水，一把剪刀。

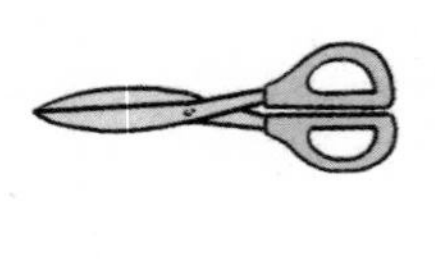

剪刀

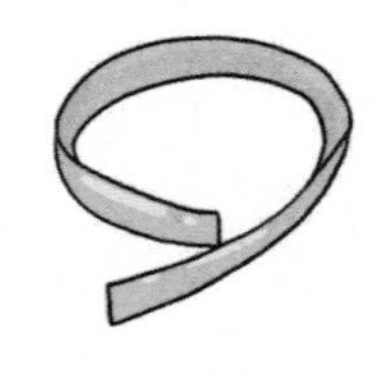

一条长 60 厘米的宽纸条

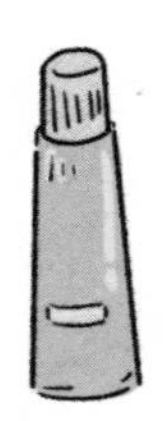

胶水

小辉快速地用胶水把纸条的两端粘贴到一起，使其变成一个纸圈，纸圈的长度约为60厘米。

小辉右手拿着剪刀，顺着纸圈的方向，将纸圈从中剪开，难道纸圈要一个变两个？

将纸圈完全剪开后，小辉双手拿着纸圈抖了下，这时奇迹出现了！纸圈并没有变成两个，反而变成了一个大纸圈，这到底是怎么回事呢？

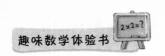

26. 对称的图形

难易指数：★★★☆☆

小辉看到爸爸同事结婚时，窗户上贴的喜字剪纸，他问爸爸：“爸爸，这个喜字是对称图形，对吧？”爸爸说：“是啊，回家我教你剪出一个对称图形。”

我们要准备几张彩色纸，一支铅笔，一个订书机和一把剪刀。下面就教大家剪出对称图形的方法。

（1）取一张正方形纸，将其对折。

（2）在对折后的纸上画上喜字图案。

（3）用订书机将折后的彩色纸固定住，然后按照画好的图形开始剪。

（4）这样一个简单的喜字就完成了。

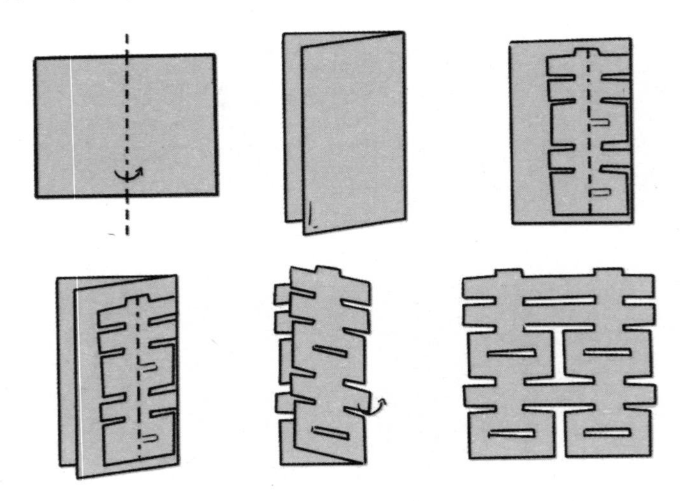

小朋友，大家发现没有，剪出来的喜字对折后会完全重合，再对折，还是完全重合。对称图形有很多分类，例如轴对称图形和中心对称图形。小朋友，看一看我们日常生活中常见的物品，哪些是对称图形？

27. 虎口脱险

难易指数：★★★☆☆

一只饥饿的老虎正在紧追一条狗，就在快要捉住的时候，小狗逃到了一个圆形的湖泊旁边。小狗连忙纵身往湖里跳，老虎扑了个空。老虎不想放弃这次捕食的好机会，于是紧盯小狗，在湖边跟着小狗一起跑，打算在小狗爬上岸以后再抓住它。已知老虎奔跑的速度是小狗游泳速度的2.5倍，请问，小狗能成功虎口脱险吗？

28. 六边形的蜂窝

难易指数：★★★☆☆

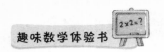

小辉和小朋友们在野外游玩时，捡到了一个蜂窝。他发现一个奇怪的现象，蜂窝居然是六边形的，你知道这是为什么吗？

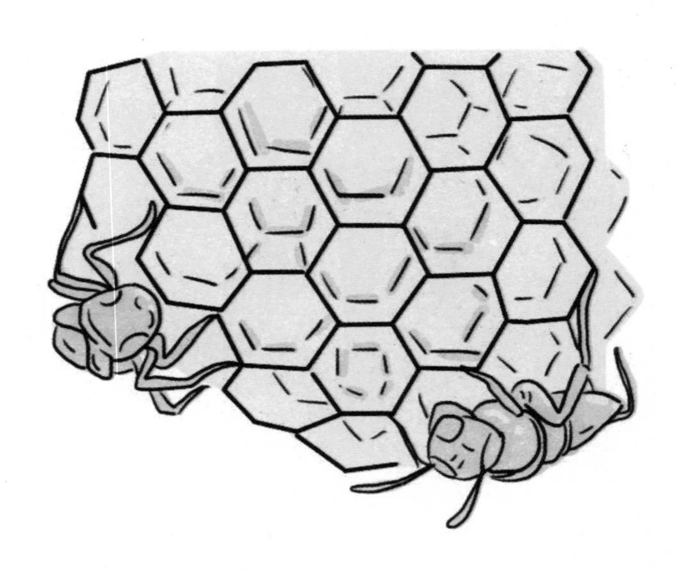

为什么不是
正方形的呢？

小蜜蜂才
不会那么笨呢！

29. 曲线转移

难易指数：★★★☆☆

小辉准备了一条布条，两个曲别针，准备和爸爸做曲线转移的游戏。

（1）取一条光滑平整的布条，摆成S形，用曲别针短的那头别住S形一头的两层布料。同样再用另外一个曲别针别住另一边的布料。

（2）双手分别抓住布料的两端，迅速把布料拉直，两枚曲别针竟然飞在空中自动勾在一起了。

小朋友，你知道为什么曲别针会自动勾在一起吗？

30. 棋盘上的麦粒

难易指数：★★★☆☆

传说，印度的舍罕国王打算重赏国际象棋的发明人——大臣西萨·班·达依尔。这位聪明的大臣跪在国王的面前说："陛下，请您在这张棋盘的第一个小格内，赏给我一粒麦子，在第二个小格内给两粒，在第三个小格内给四粒，照这样下去，每一小格内都比前一小格加一倍。"国王说："你的要求并不高，我会让你如愿以偿的。"说着，他下令把一袋麦子拿到宝座前，计算麦粒的工作开始了。还没到第二十小格，袋子已经空了，一袋又一袋的麦子被扛到国王面前来。但是，麦粒数一格接一格地增长，很快国王和其他人就知道，即使拿出全印度的粮食，国王也兑现不了他对西萨·班·达依尔许下的承诺。

小朋友，你知道这是为什么吗?

31. 壁虎捉毛毛虫

难易指数：★★★☆☆

一只壁虎在一个圆柱形的大塑料桶的底边A处。它发现在自己的正上方，即塑料桶上边缘的B处有一条毛毛虫。壁虎想要抓住这条毛毛虫，大吃一顿。为了不让毛毛虫注意到自己，它故意不走直线，而是绕着塑料桶，沿着一条螺旋路线从背后突袭毛毛虫。最终，壁虎成功了。

壁虎沿着螺旋线至少要爬行多少米才能捉到毛毛虫呢？

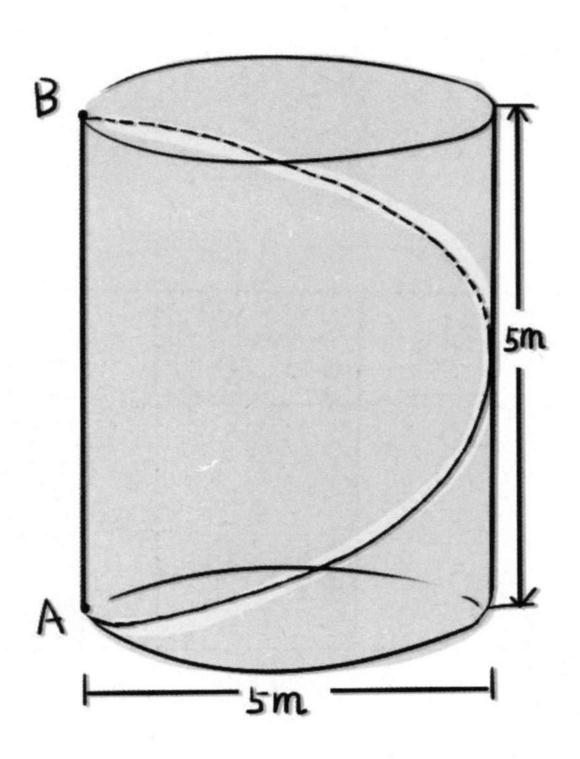

32. 偷羊贼巧妙作案

难易指数：★★★★☆

有一个牧场里的羊总是被盗，牧场主采取了一种防范措施，即将羊分成每32只一群，集中关在10个栅栏里，每个栅栏设置8个框位，像图示那样，把羊关进去。因为只要这样做，栅栏里的羊，不论从哪边算，其和都是各9只。这样就能迅速、准确地检查它的个数了。实际上，牧场主每天早上都准确地检查了羊的数量，确实每边的和都是9只，没有被偷，因此也就放心了。

但是，偷羊贼非常聪明，他从每个栅栏里，一夜各偷走4只，经过3个晚上，偷去了12只羊，10个栅栏共偷去了120只羊。这么严重的盗窃却没有被人发现，这是因为他改变了栅栏中羊的排列。快来帮助牧场主分析下，他的羊是怎么被偷的？

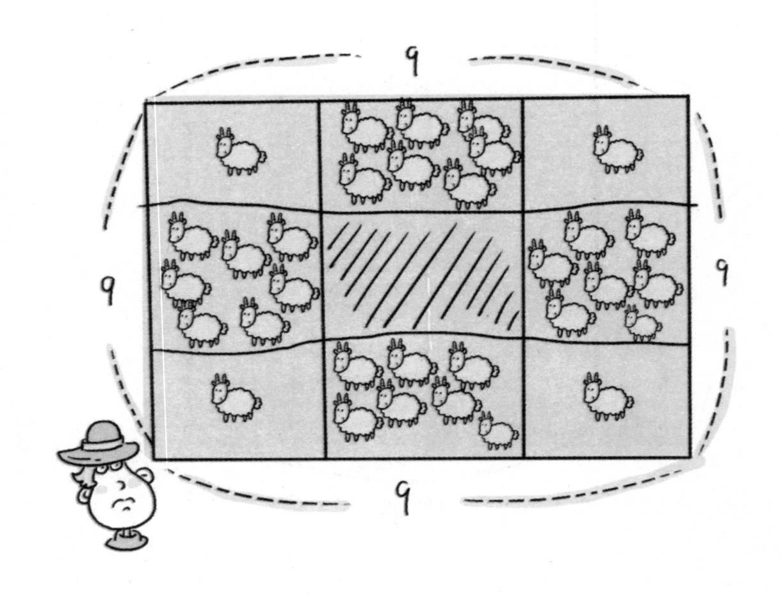

答案

1. 连接 4 条直线

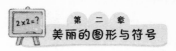

小辉的做法是把左边的小花移动到极远的右边，如下图所示：

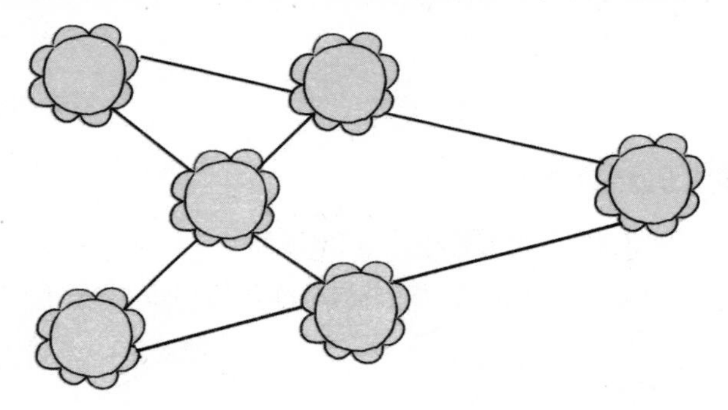

2. 三刀切西瓜

只要按照下面图形的三条直线切就行了。

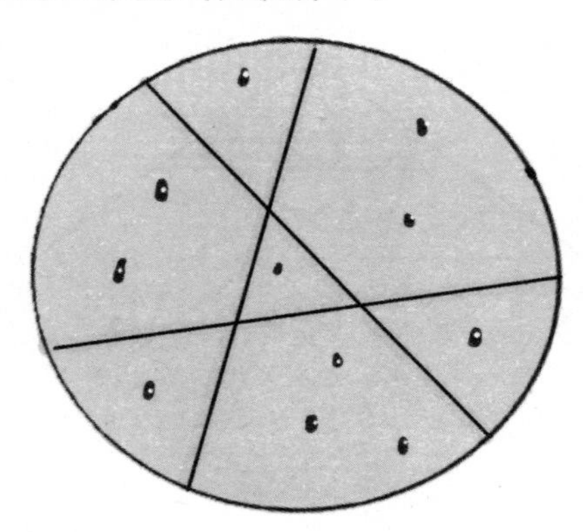

3. 巧测建筑物的高度

建筑物的高度可以看作是建筑物的尖顶到地面的垂直距离，我们可以把这个建筑物的高看成是一个巨大直角三角形的高，而把这个建筑物的影子看成是这个三角形的底边。我们将木棍和它的影子也想象成为一个直角三角形，这两个直角三角形是相似的。所以建筑物大三角形与木棍小三角形的高度之比和长度之比是一样的。

4. 圆形的数目

该图形中一共有9个圆。

5. 小纸条变成五角星

裁一条长方形的纸条，宽2厘米，长20厘米。打一个结，然后轻轻地抽紧压平，参考图2。连接4根对角线，一个标准的五角星就做好了。

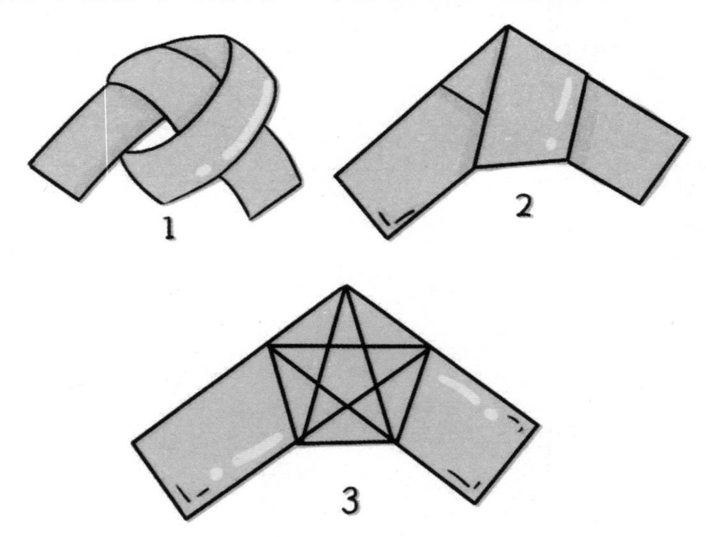

6. 拼成正方形

我们在图中标注两条虚线，只要沿着图中1的虚线剪下，按图中2组合起来就行了。

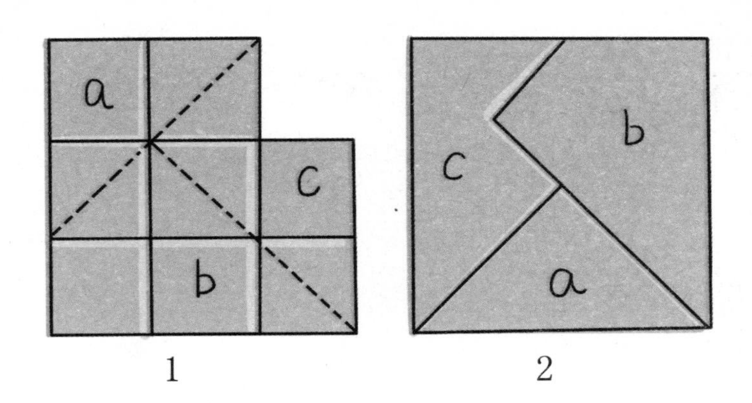

7. 会变化的四边形

通过比较，我们发现四边形可以被压扁，形状也会发生变化，而三角形几乎没有变化。当我们多加了一根木棍后，四边形即使被挤压，形状也没有发生改变。这是因为，任何四边形都具有不稳定性，而三角形只要三条边的长度确定了，它的形状和大小就不容易发生改变。三角形每个角对应一条边，压力会被稳定地承托着，因此十分坚固，这就是三角形的稳定性。在四边形上再加上一根木棍，这样一个四边形被分成两个三角形，原来的四边形就具有了稳定性，不容易被挤压变形了。

小朋友，你们想一想，我们日常生活中有哪些四边形和三角形的应用？

8. 巧移砖头

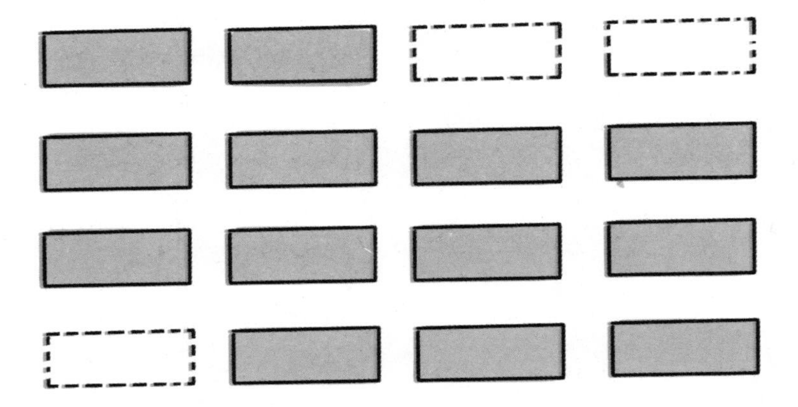

9. 聪明的欧拉

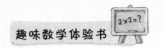

将原来15米的边长延长到了25米；又将原来的40米边长缩短到25米。这样，原来计划中的羊圈就变成了一个边长25米的正方形了。

10. 粮仓的容积

只要像图中一样地剪下上部，移到虚线部分，就成为正方形。

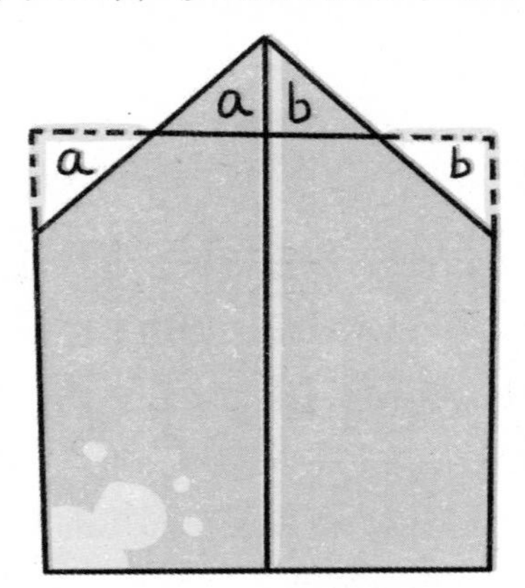

11. 正方形的变化

具体做法参考下图。

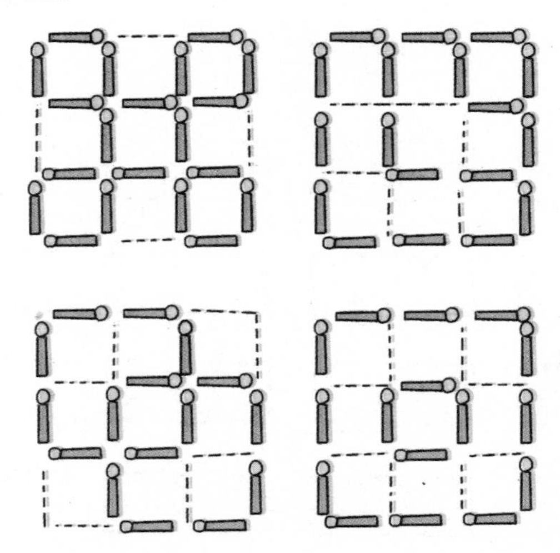

12. 数不清的三角形

我们先看由1“块”构成的三角形是7个，如图a所示；而相邻的两小块也能组成三角形，这种由两块构成的三角形有6个，如图b所示。相邻的三小块也能组成三角形，这种三角形有5个……这样：

1块构成的三角形　　7个

2块构成的三角形　　6个

3块构成的三角形　　5个

4块构成的三角形　　4个

5块构成的三角形　　3个

6块构成的三角形　　2个

7块构成的三角形　　1个

所以，总共有7+6+5+4+3+2+1=28个三角形。

13. 物体的面

能。在平面上搭是不能符合题意的，如果把这六根火柴用橡皮泥搭成正四面体，就可以得到四个三角形了，当然有的三角形要在空间找。

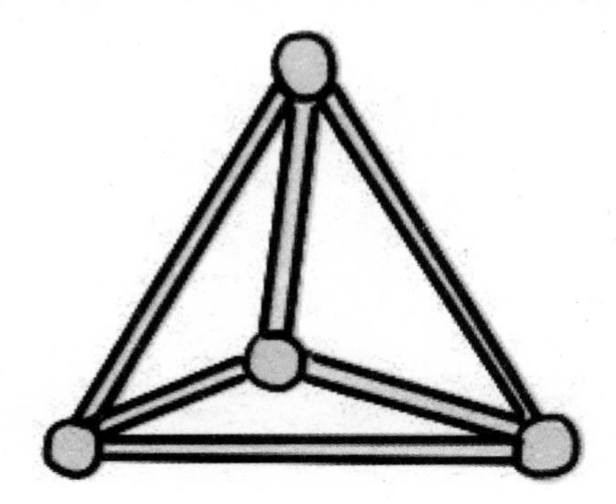

14. 圆形的车轮

这是圆的另外一个特性：经过圆心并连接圆周上两点的线段，也就是直径。同一个圆的直径都是相等的。这是圆独有的一个特性，换做其他图形，如三角形、正方形和六边形，等等，都不能满足这个条件。

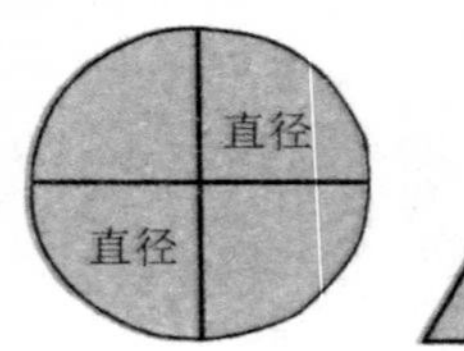

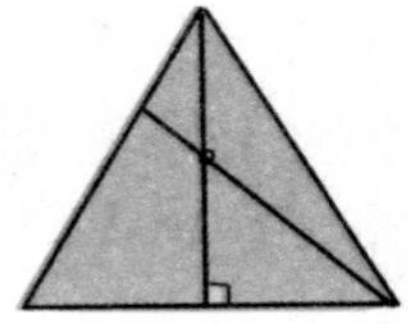

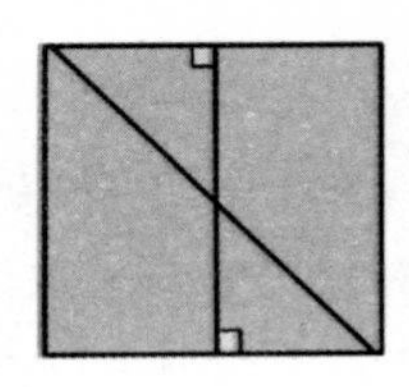

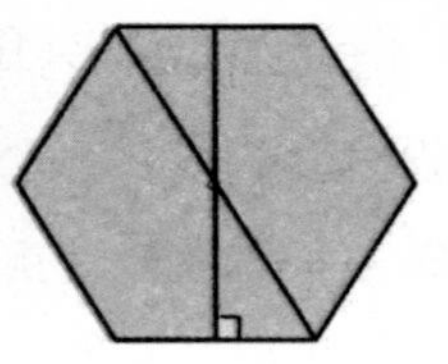

15. 自行车的轨迹

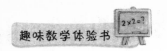

车轮的圆周永远是直径的3.14倍，前后出现两段水印的距离刚好是一个圆周，这个距离除以3.14就是车轮的直径。

16. 拆散六边形

5个、4个、3个和2个，如下图所示。

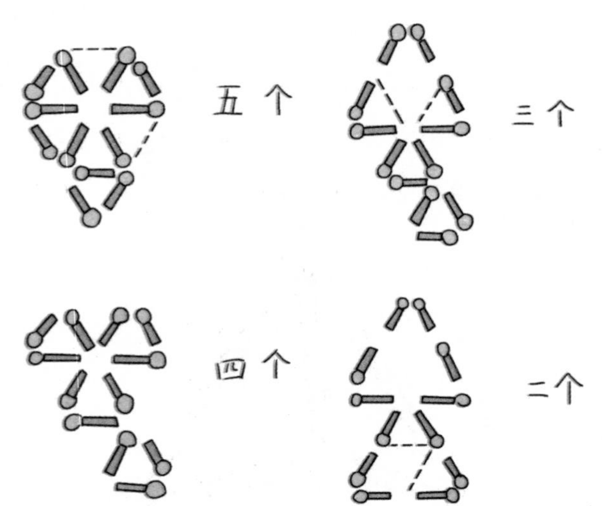

17. 洞口变大了

硬币能顺利通过圆洞，原因在于纸上剪出的这个洞口在平面上时，属于二维空间，当我们将白纸对折的时候，这时的圆洞在三维空间里就成为了一个椭圆了，此时椭圆的长径会大于原来圆形的直径，因此1元的硬币能很容易的通过了。

18. 谁的表面积更大

如果匣子边长为12厘米，九子棋的半径是2厘米，象棋的半径是1.5厘米。每个棋子表面面积：

九子棋：$\pi R_1^2=4\pi$（平方厘米）

象棋：$\pi R_2^2=2.25\pi$（平方厘米）

九子棋每层共9枚，总面积是：$9\times4=36$（平方厘米）

象棋每层16枚，总面积是：$16\times2.25=36$（平方厘米）

所以两种棋子的表面积一样大。

19. 哪种形状的容积最大

根据几何原理，在外周长一样的情况下，圆的面积比其他几何形状的面积要大，所以圆柱形在表面积一样的情况下，容积是最大的，因此圆柱体可以装更多的大豆。应用到日常生活中，你会发现，我们喝水用的杯子、油瓶、水桶，等等，都是圆柱体，原来选择圆柱体是因为这个原因。

20. 制作立方体

从提供的几种图形中可知，挑选其中的A和G可以制成完整的立方体。

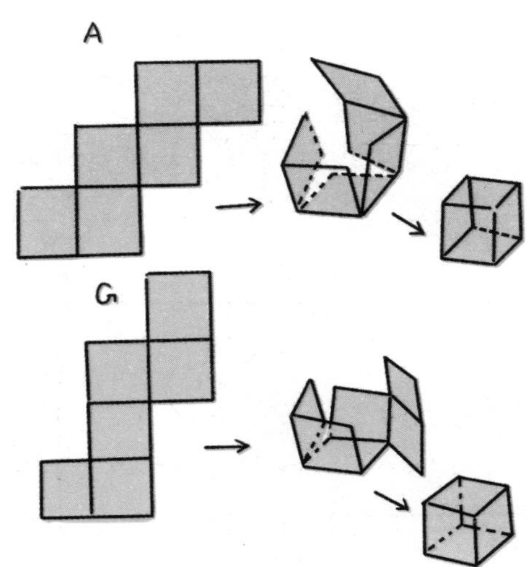

21. 被切掉的盒子

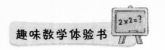

正方体原有12条棱，每切掉一块就增加3条棱，每个顶点处都切掉一块，一共切掉8块。由此可推算出棱的条数：12+3×8=36条。所以，这个图形一共有36条棱。

22. 爬行的蜗牛

由题意可知，此题就是比较大圆弧和3个小圆弧的长短，因此，想办法表示出它们的长度，再比较就可以了。

我们可以设小半圆弧直径为d，那么3个小半圆弧的总长是：$\pi d/2 \times 3 = (3\pi d)/2$

大半圆弧的直径为3d，它的长度是：$\pi \times 3d/2 = (3\pi d)/2$

从上面计算结果来看，两条路一样长。所以两只蜗牛会同时到达B点。

23. 不同的走法

9种。AB开始有3种、AE开始有3种、AD开始有3种，所以总共有9种路线。

24. 怎样架桥最合理

如下图所示，架设一座宽300米的大桥，从桥上斜穿走过去，就是A到B的最短距离。

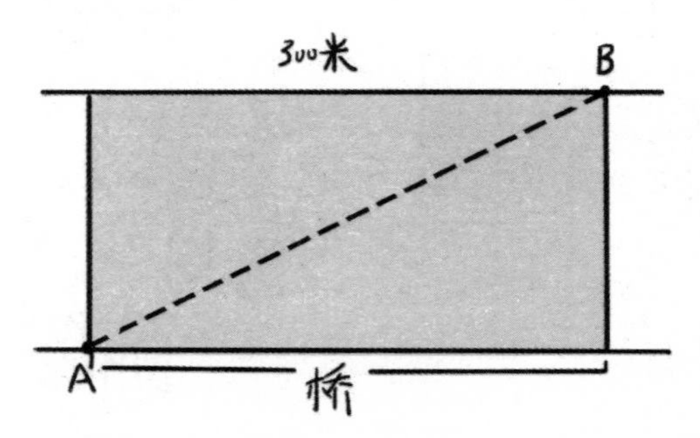

25. 单面魔环

这是因为小辉在将纸条粘贴起来时，纸条的两端并不是顺着方向粘好，而是将其中一端扭一下，再将一端的正面与另一端的背面粘在一起。将这样的一个纸圈剪开之后，就成为一个长度为原来2倍，宽度为原来一半的大纸圈了。小朋友，你想明白了吗？

如果小辉沿纸条宽的地方剪开，会剪出两个套在一起的纸圈。

26. 对称的图形

我们日常生活中有很多对称的图形，它们有雪花、蝴蝶、蜻蜓、螃蟹，等等。

雪花

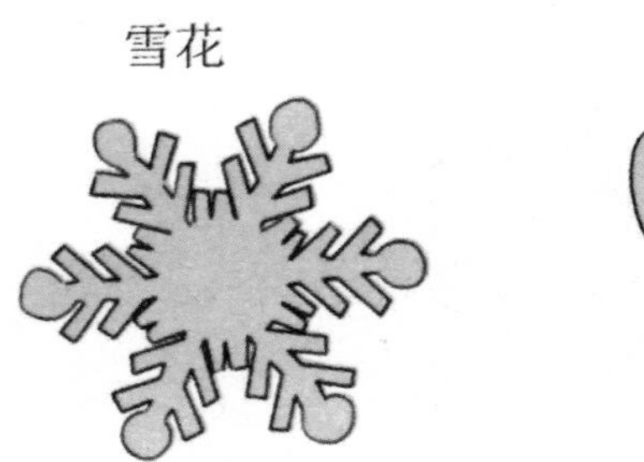

蝴蝶

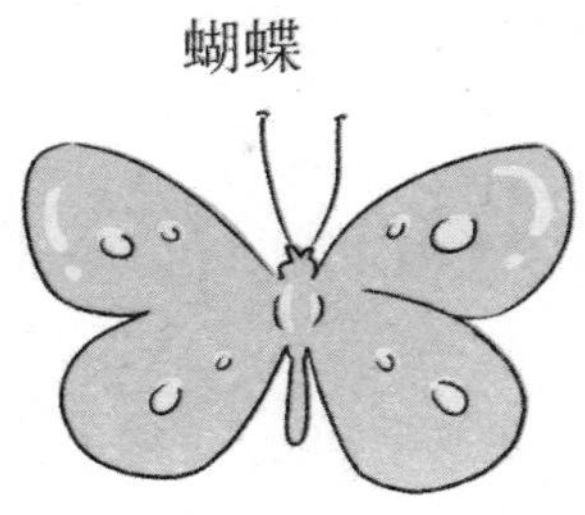

27. 虎口脱险

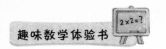

如果小狗在圆形湖泊中沿着圆周游，那么不管它游到哪里，都会被老虎牢牢地盯住。

如果小狗跳下湖泊后，就沿着直径笔直地往前游，那么老虎就要跑半个圆周。由于半圆周长是直径的$\pi\div2=1.57$倍，而老虎的速度是小狗的2.5倍，因此，小狗还是逃脱不了被老虎抓住的命运。

所以，小狗要能逃出虎口，就必须利用老虎沿着圆周跑的这个特点，在跳下湖后就游向圆形湖泊的圆心。到达圆心后，看准老虎当时所在的位置例如P，马上沿着和老虎连线相反的方向游去。这时，小狗要上岸（B点）只需要游池塘的半径的长，而老虎要跑的距离仍然是半个圆周长，也就是大约半径的3.14倍长。可是老虎的速度仅为小狗游水速度的2.5倍，这样当老虎跑到时，小狗已经上岸逃走了。

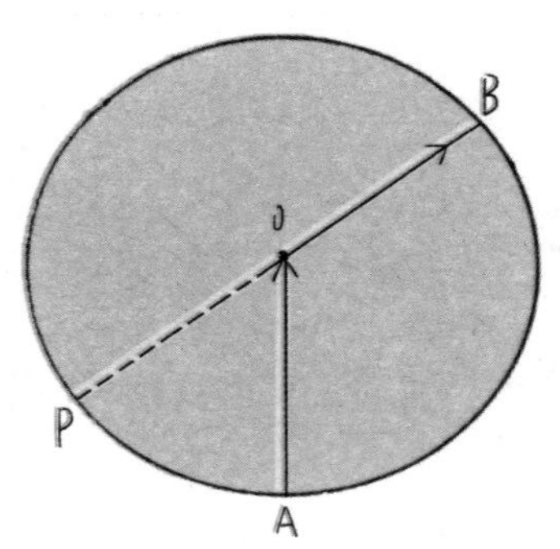

28. 六边形的蜂窝

这个跟密铺有关。重复组合一种或几种图形，让图案铺满整个平面，而且没有空隙或重叠，这叫作密铺平面，如下图所示。

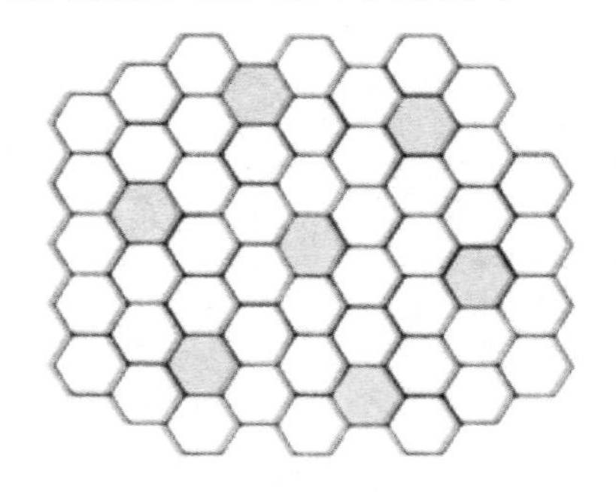

小蜜蜂会选择正六边形作为房孔的形状，原因就是正六边形刚好能铺满整个平面。如果选用正五边形，会出现下面这种情况。

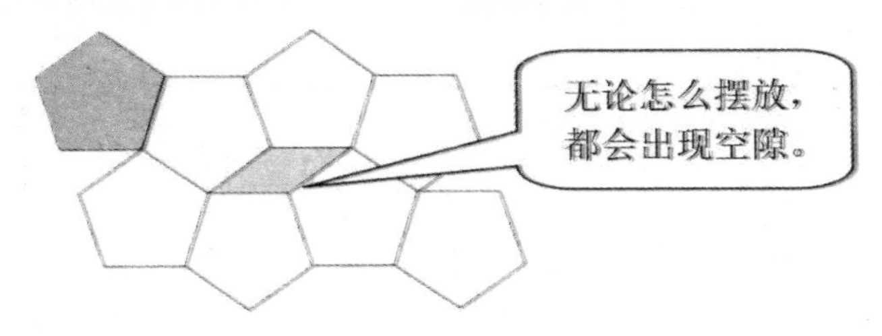

可能你会问，为什么不选用正三角形、正四角形，等等呢？科学家们经过多年的计算证明，用等量的原料，房孔做成正六边形能让蜂窝具有最大容积，能容纳最大数目的蜜蜂，这也是蜂窝被称为自然界中最有效建筑代表的主要原因。

29. 曲线转移

原来布料上的两枚曲别针并没有挨着，当拉直布料的时候，它们就被勾到一块了，这个现象就是曲线转移。曲线转移，可以简单理解为通过空间变换和扭曲使在不同曲面的两条曲线发生位移。你可以慢慢拉伸布料，研究手中的布料，不过这时的曲别针可能会勾在一起，也可能不会勾在一起。

30. 棋盘上的麦粒

西萨·班·达依尔说的其实是等比数列求和。看着往象棋盘上这么放麦子，似乎没有多大功夫就能放置完毕，其实不然，最后算出来需要放置的麦子其实是个天文数字。

31. 壁虎捉毛毛虫

把塑料桶沿着母线切割开来，再摊平，就成为一个矩形，而壁虎爬行的路程就是这个矩形的对角线AB的长。应用求圆周长公式及勾股定理，可以很快地计算出壁虎爬行的路程为16.48米。它是壁虎绕着塑料桶到达毛毛虫的最短路线。

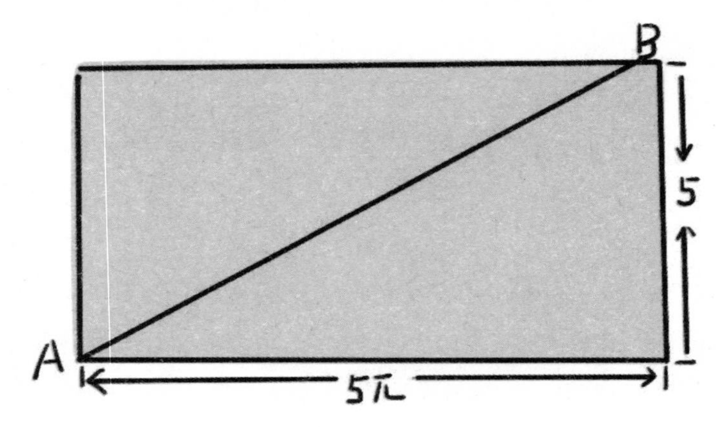

32. 偷羊贼巧妙作案

如下图，将羊换了栏，虽然羊的总数少了，但是无论从哪一边算，都是9只羊。

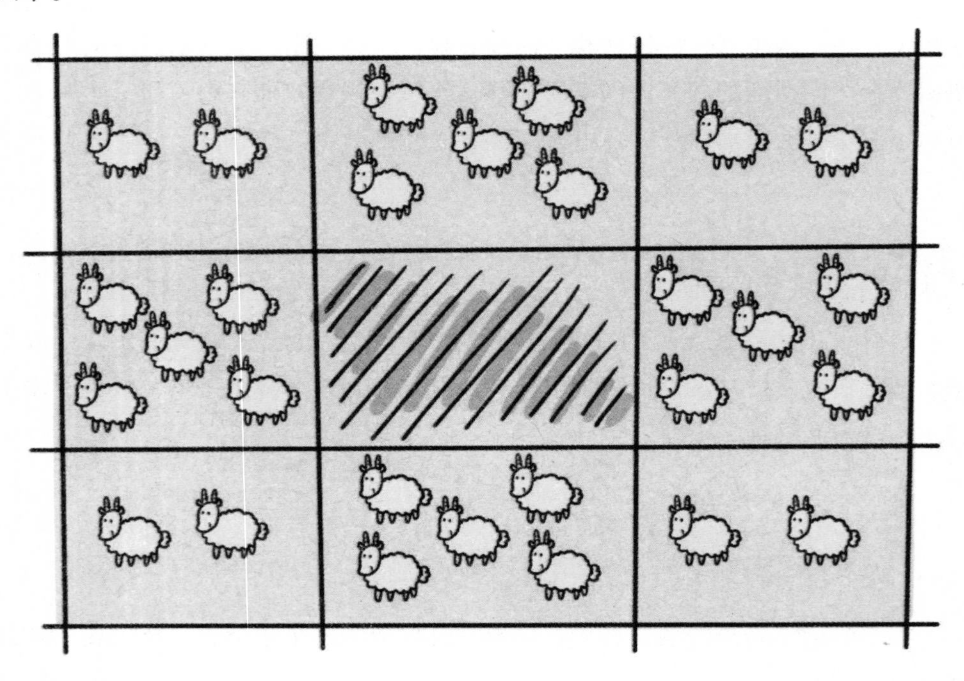

第三章
不可缺少的度量衡

1. 小辉的文具购物单

难易指数：★☆☆☆☆

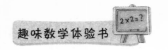

小辉列了下面一份文具购物单，让叔叔帮他采购文具。

铅笔 1
钢笔 1
图画纸 1
橡皮 1
彩色笔 1

叔叔很快给他买回来了，但是小辉却看傻了眼，他说：“叔叔，你怎么买了这么多啊？”叔叔说：“我都是照着你列的购物单买的啊，肯定不会出错。”让我们来看看叔叔都买回哪些文具，而小辉真正想要买的是什么。

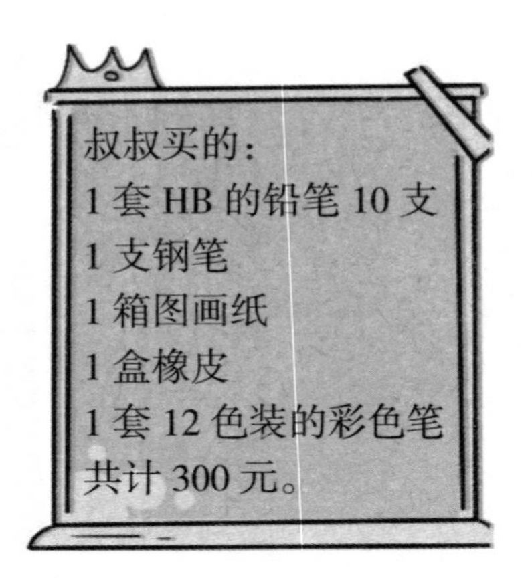

叔叔买的：
1 套 HB 的铅笔 10 支
1 支钢笔
1 箱图画纸
1 盒橡皮
1 套 12 色装的彩色笔
共计 300 元。

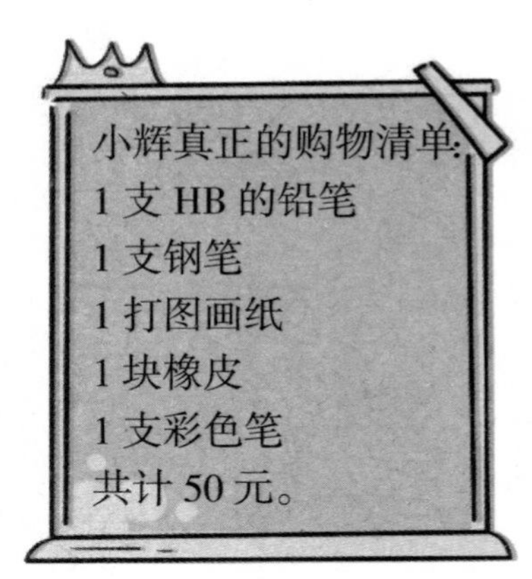

小辉真正的购物清单：
1 支 HB 的铅笔
1 支钢笔
1 打图画纸
1 块橡皮
1 支彩色笔
共计 50 元。

叔叔说：“这就是你不标清楚单位的后果，害得我多买了这么多东西，也多花了这么多钱。以后你可得注意了，不能再这么马虎了！”

通过小辉购物的事例，我们了解到单位的重要性。小朋友，请你说一说，日常生活中都有哪些常用的单位？

2. 各种各样的尺子

难易指数：★★☆☆☆

数学课上，刘老师问同学们："大家在测量各种物品时，会用到多少种尺子？"同学们议论纷纷，有卷尺、米尺、游标卡尺、皮尺、木尺，等等。刘老师给同学们布置了下面几道作业题，小朋友，你们一起过来看下吧！

物体	长度
你的书本有多宽	?
你的课桌有多高	?
你的头发有多粗	?
你的卧室有多长	?

不同的尺子用处也是不同的哦！这几道题到底是要用哪些尺子呢？

3. 奇怪的量尺

难易指数：★★☆☆☆

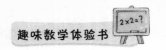

下图中是一把6厘米的小尺子，它可以量出1~12厘米之间的长度。你能设计一把类似的、用最少刻度的6厘米尺子吗？

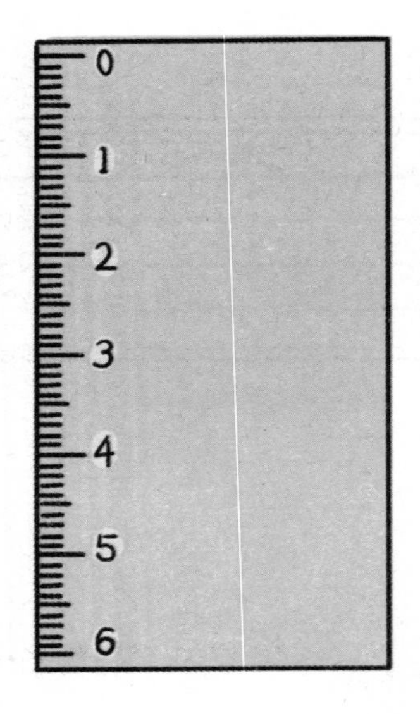

4. 测算纸的厚度

难易指数：★★☆☆☆

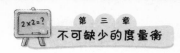

刘老师出了一道题目：如何用刻度尺测一张纸的厚度？这可把小亮难住了，刻度尺最小的刻度都要比一张纸的厚度大好多倍呢，这可怎么测量呢？

你有没有什么好办法？

就让大家一起来想一想吧！

5. 阴影面积

难易指数：★★★☆☆

我们利用人造卫星上俯瞰一块土地的照片进行调查。发现，这块土地基本上呈正方形，边长为20米。假设将每一条边的中点都作为标记，把整块土地分割成9块大小、形状各不相同的土地。

你能算出中间正方形阴影部分的面积是多少吗?

（小提示：不要得意的太早，答案可不是100平方米噢！）

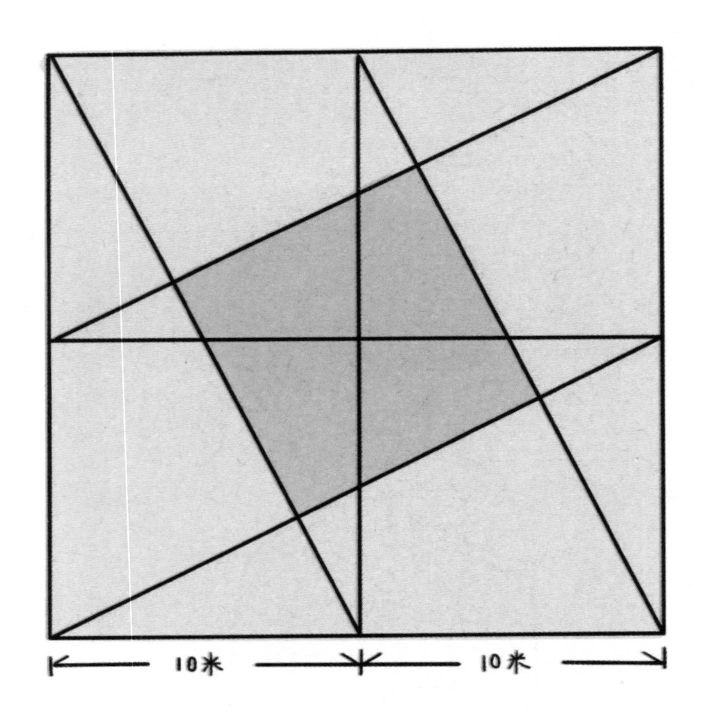

6. 求图形面积

难易指数：★★★☆☆

如图所示，假设每个小正方形的边长为1个单位。小朋友，你能够算出下面4个图形的面积吗？

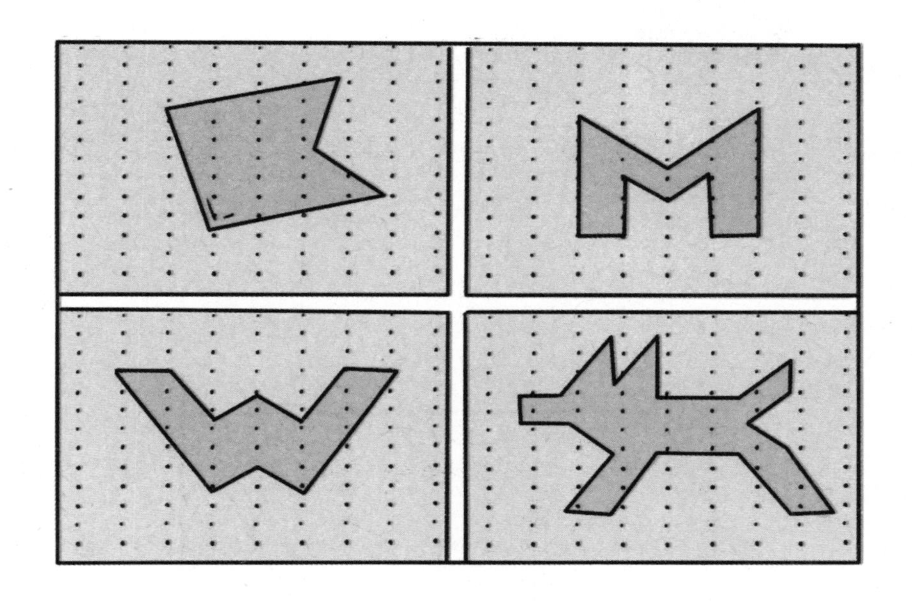

7. 长方体的体积

难易指数：★★★☆☆

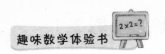

有一个长方体，正面和上面两个面积的和为209平方厘米，并且长、宽、高都是质数。请你想一个办法，求出下图长方体的体积。

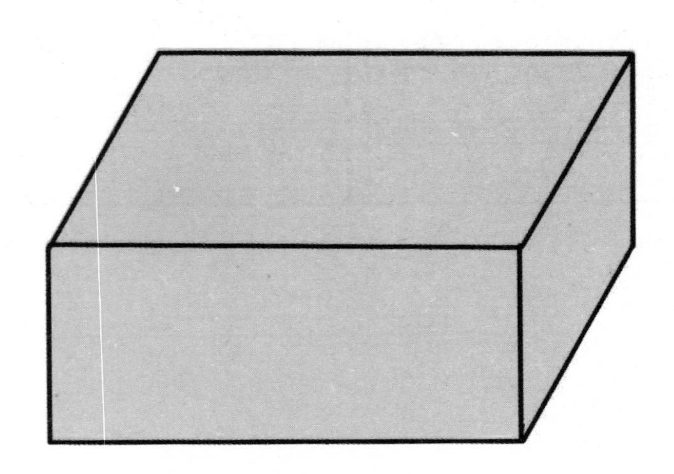

8. 不规则形状测体积

难易指数：★★★☆☆

周末，爸爸拿出两个长得凹凸不平的土豆，叫来小辉，问小辉如何测算它们的体积，谁的体积更大一些。小辉稍加思索，想出了一个好办法。小朋友，你知道小辉要用什么办法吗？

9. 巧算啤酒瓶的容积

难易指数：★★★★☆

现在给你一个啤酒瓶、一把直尺和一些水，请用最简单的方法计算出这个啤酒瓶的容积。（注：啤酒瓶上面1/3是不规则锥形，下面2/3是规则圆柱体，除此之外没有任何可用的量器。）

10. 油坊主分油

难易指数：★★★☆☆

祥龙油坊的坊主今年种植了大量的花生。到了秋天，花生获得了大丰收。他把花生一半储存起来，一半磨成了花生油。

有一天，坊主用一个大桶装了12千克油到市场上去卖。到了市场上，坊主摆好牌子，等着顾客前来购买。这时，两个家庭主妇分别只带了5千克和9千克的两个小桶来买油。她们一高一矮。坊主突然发现他没有带称油的秤，但他还是卖给了两个主妇6千克的油，而且高个子的家庭妇女买了1千克，矮个子的家庭主妇买了5千克。你知道坊主是怎样给她们分的吗？

11. 三瓶油称重量

难易指数：★★★☆☆

有三瓶油，重量各不相同。只知道这三瓶油共重12千克，大号瓶和小号瓶的重量和为中号瓶的两倍，小号瓶与中号瓶的重量和等于大号瓶的重量。请问：这三瓶油各重多少千克？

12. 池塘里有几桶水

难易指数：★★★☆☆

一位非常有名的老学者，居住在山坡上的一个小屋旁，旁边有一个池塘，他每天看着池塘，想到一个奇怪的问题：这个池塘一共有几桶水呢？这个问题可难倒了他的一众学生，尽管他的学生们都非常优秀，但是没有一个能答得上来。老学者很不高兴，便说："你们回去考虑三天。"

三天过去了，学生中仍然没有人能解答出这个问题。老学者觉得这个问题肯定有解，于是写了一张布告，布告中声明："谁能回答这个问题，就收谁做弟子。"

布告贴出来之后，一个女学生找到了这位老学者，说她知道答案。老学者本想带着女学生去看看池塘的大小和深浅，没想到她竟然回答不用看。只见她凑到老学者的耳边说了几句话，老学者连连点头，于是就收下她当弟子了。

小朋友，你们知道到底有几桶水吗？

13. 保持平衡

难易指数：★★★☆☆

如图所示，如果这个天平系统是平衡的，那么问号处的砝码应该是多少呢？

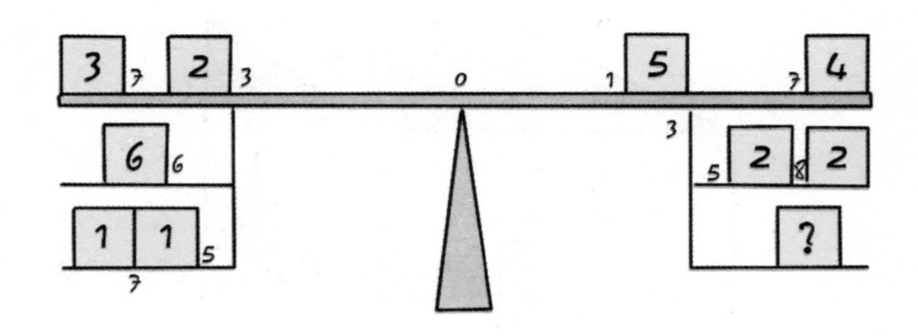

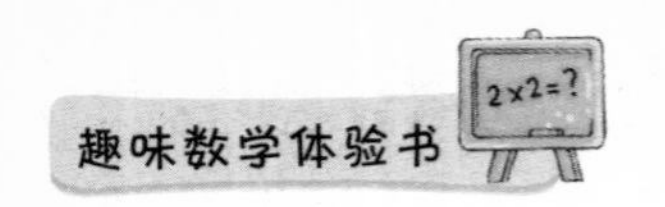

14. 打孔后的体积

难易指数：★★★★☆

小辉在一个棱长为8厘米的正方体泡沫塑料上打孔，穿过上、右、前3个面的中心，分别打一个边长为2厘米的正方形小孔，并且一直通过对面。他对弟弟说："算一算，打孔以后，剩下部分的体积是多少？"

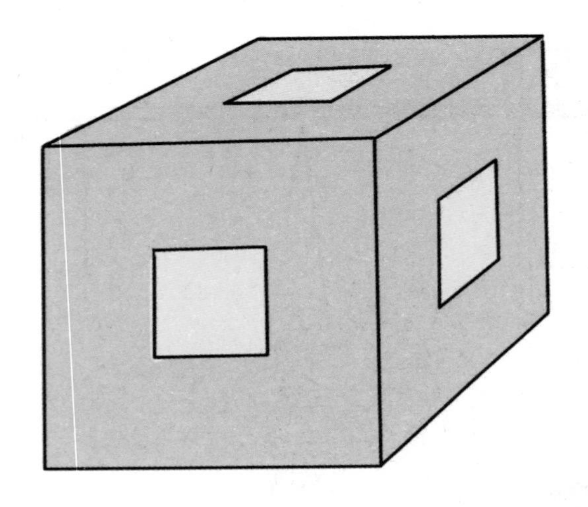

小朋友，你能比弟弟算得快吗？

15. 箱子的体积

难易指数：★★★★☆

希帕蒂娅是古埃及历史上有记载的第一位女数学家。她很小的时候就表现出超凡的数学天赋。有一次，父亲的一位朋友来她家拜访，送给希帕蒂娅一个用3根绳子系着的礼盒。小希帕蒂娅非常开心，接过礼盒，迫不及待地解开绳子，正要去打开箱子，父亲的朋友止住了她。这位朋友早听说小希帕蒂娅聪明，想考考她，于是对她说："别急，你先拿一把尺子量量绳子的长度。"小希帕蒂娅用尺子量了量散落在地上的3根绳子，一根长210厘米，一根长250厘米，还有一根长290厘米。朋友说："假设这些绳子打结的时候，都用去了10厘米。希帕蒂娅，请你算一算，这个箱子的体积是多少？"小希帕蒂娅说："好啊！"于是拿出一支笔，在地上列起式子来，很快算了出来。父亲的朋友一直在旁边看着，不禁感叹到："太聪明了，将来一定会成为有名的数学家！"

小朋友，你们仔细想一想，小希帕蒂娅是怎么算出来的？

16. 买卖羊奶

难易指数：★★★★☆

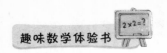

小丽和小英关系非常好，她俩常常一起去商店买东西。有一天，小丽和小英准备一起去买羊奶。她们来到一家商店，商店老板很热情地招待了她们。小丽带来一个容量是5升的装羊奶的瓶子，而小英带来的是容量4升的装羊奶的瓶子，但她只想买3升羊奶。恰巧今天商店老板的电子秤坏了，他只有一个容量是30升的圆柱形的羊奶桶，他已经卖给客人8升了。他应该怎么做才能让这两位顾客得到各自想要的重量，而且又不会使羊奶溢出容器呢？老板感到很难办，羊奶很新鲜，如果今天不卖出去就坏了，如果你是老板，你会怎么做呢？

17. 盐水的浓度

难易指数：★★★★☆

有一只杯子，容积为100毫升，现在杯中装满了浓度（质量/体积）为80%的盐水，从中取出40毫升盐水，再倒入清水将杯盛满，这样反复三次。杯中盐水的浓度是多少？

答案

1. 小辉的文具购物单

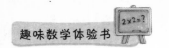

日常生活中，有很多度量单位，例如套、支、箱、捆、条、斤、两、千克、座、架，等等，要分不同的场合选择使用。

2. 各种各样的尺子

我们先来了解每种尺子的量程和精度。量程是指一把尺子一次能够量出的最长的距离；精度是指一把尺子上最小的刻度代表的距离。参看下面的图，这样我们就能分清哪些物体该用哪些尺子来测量了。书本用直尺，课桌用米尺，头发用游标卡尺，卧室用卷尺。

不同的尺子	材料	量程	精度
直尺	塑料	20厘米	1毫米
米尺	塑料	1米	1毫米
皮尺	皮革	1.5米	1寸≈3.3333厘米
卷尺	钢铁	5米	1厘米
游标卡尺	高碳钢	300毫米	1/20毫米，1/50毫米

3. 奇怪的量尺

只用0、1、4、6四个刻度。如图：

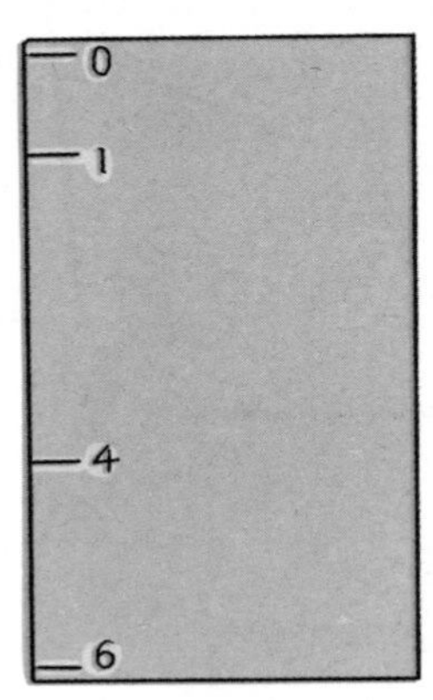

4. 测算纸的厚度

虽然我们用直尺无法直接测量出一张纸的厚度，但是，我们可以采用“积少成多”的方法，先把许多张纸叠在一起，测出它们的总厚度。因为这些纸的厚度都是相同的，用总厚度除以纸的总张数，就可以得到每张纸的厚度了。虽然这种方法测量得到的不是精确值，但也可以使我们对一张纸到底有多厚的算法有一个大致的了解。

5. 阴影面积

80平方米。如果你对这个经过切割的方格进行观察，你会发现现在这些复合形状中包括了并行的几对图形，它们可以组合成4个正方形。整块土地的总面积是20米×20米，即400平方米。这5个相同的正方形中任意1个的面积都是土地总面积的$\frac{1}{5}$，即80平方米。

6. 求图形面积

4个图形的面积分别是（1）11、（2）13、（3）10、（4）12个单位面积。

当我们要计算一个钉板上的闭合多边形的面积时，我们所要做的就是数出这个多边形内（不包括多边形的边线）的钉子数（N），和多边形的边线上的钉子数（B），多边形的面积就等于：（N+B）/2–1。

小朋友，可以用本题的例子验证下这个公式。

7. 长方体的体积

设长方体的长、宽、高为a、b、c。根据题意：a×b+a×c=a×（b+c）=209=11×19，11不能分成两个质数的和，而19可分成17与2的和。因此，长方体体积为：a×b×c=11×17×2=374（立方厘米）。

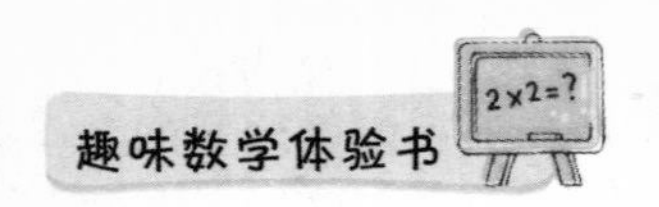

8. 不规则形状测体积

小辉想到的好办法，是模仿“曹冲称象”的办法。测算步骤如下：

（1）将一个能装下整个土豆的大碗加满水，水要加到快溢出来的程度，碗下面放一个比较深的盘子。

（2）将土豆全部浸入水中，碗里面的水会溢到盘子里。

（3）将盘子里的水全部倒入一个细长的玻璃杯里。

（4）另一个土豆也重复同样的过程，并且最后装水的玻璃杯必须是一样的。然后比较水面的高度，水面高的土豆的体积就大。

小朋友，你们也可以找来其他蔬菜或水果尝试下哦！

9. 巧算啤酒瓶的容积

用直尺测量出啤酒瓶底的直径，算出瓶底的面积S。然后在啤酒瓶中注入约一半的水（保证水面不会超过不规则区域），测出水的高度$h1$，得到水的体积是$V1$；接着盖好瓶口，把瓶子倒过来，测量出瓶底到水面的高度$h2$。两个高度相减得h3，那么就得到$V3=h3\times S$，用$V1-V3$得到$V4$，$V4$就是第一次装水之后空白区域的体积，所以最终我们能够得到瓶子的容积$V=V1+V4$。

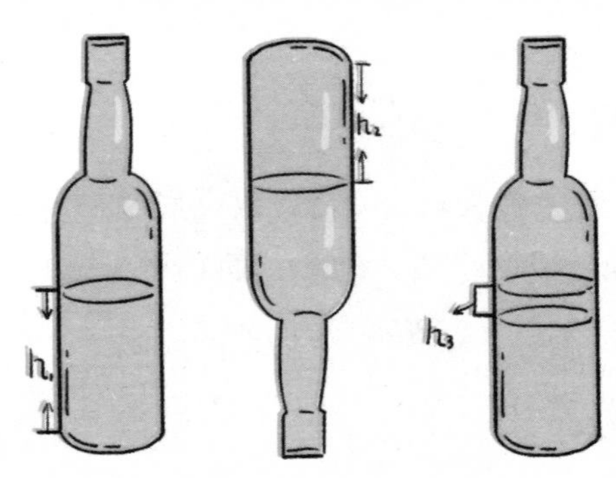

10. 油坊主分油

坊主先从大桶里倒出5千克油到9千克的桶里，再从大桶里倒出5千克油到5千克的桶里，然后用5千克桶里的油将9千克的桶灌满。现在，大桶里有2千克油，9千克的桶已经装满，5千克的桶里有1千克油。

再将9千克桶里的油全部倒回大桶里，大桶里有了11千克油。把5千克桶里的1千克油倒进9千克桶里，再从大桶里倒出5千克油，现在大桶里有6千克油，而另外6千克油也被换成了1千克和5千克两份。

11. 三瓶油称重量

大的重6千克，中的重4千克，小的重2千克。三瓶油从大到小设为a、b、c，a+b+c=12（千克），a+c=2b，b+c=a，可以算出a=6，b=4，c=2。

12. 池塘里有几桶水

要看是什么样的桶，如果是桶和水池一样大小，只有一桶水；如果只有水池一般大，则有两桶水；如果桶只有水池一般大，则有两桶水；如果桶有水池的三分之一大，则有三桶水，以此类推。

13. 保持平衡

2。由于问号处的砝码位于第八个单位的位置上，所以它的重量应该是2才能维持平衡（总重量为8×2=16）。

两边平衡关系如下：（3×8+2×4）+（6×7）+（1×6+1×8）=（5×2+4×8）+（2×6+2×9）+2×8。

14. 打孔后的体积

3个小孔都是长为8厘米，宽和高都是2厘米的长方体，中间还有重叠的部分，是一个小正方体，棱长2厘米。剩下部分的体积，就是大正方体的体积，减去3个长方体的体积，再加上2倍的小正方体的体积：$8\times8\times8-3\times2\times2\times8+2\times2\times2\times2=432$（立方厘米）。

15. 箱子的体积

长+宽=（290−10）÷2=140（厘米），长+高=（250−10）÷2=120（厘米），宽+高=（210−10）÷2=100（厘米）。用第2个式子减去第3个式子，得到：长−宽=20（厘米），再加上第1个式子，就能求出长等于80厘米。知道了长，很快就能求出宽等于60厘米，高等于40厘米。所以，箱子的体积就是：长×宽×高=80×60×40=192000（立方厘米）。

16. 买卖羊奶

店老板先倒5升的羊奶到小丽的瓶子里，然后把这些羊奶倒到小英的瓶子里，那么小丽的瓶子里还剩下1升，再把小英的瓶子里的4升倒回一半到老板的桶里，再把小丽瓶子里的1升倒在小英的瓶子里，小英就得到他想要的羊奶了。现在羊奶桶里还剩下18升羊奶，老板把这些羊奶倒在小丽的瓶子里，倒满就好了。

17. 盐水的浓度

最后杯中盐水的体积还是100毫升。此题解答关键在于算出最后盐水中盐的质量。

最开始杯中的含盐量是：100×80%=80（克）。

第一次倒入清水后的含盐量是：80−40×80%=48（克），盐水的浓度是：$\frac{48}{100}\times100\%=48\%$；

第二次倒入清水后的含盐量是：48−40×48%=28.8（克），盐水的浓度是：$\frac{28.8}{100}\times100\%=28.8\%$；

第三次倒入清水后的含盐量是：28.8−40×28.8%=17.28（克），盐水的浓度是：$\frac{17.28}{100}\times100\%=17.28\%$。

第四章
不可思议的逻辑与推理

1. 语言的逻辑

难易指数：★★☆☆☆

周五晚上，小辉对小强说："如果明天晴天，我就会去足球场踢球。"到了周六，有点阴天，于是小强想到小辉昨天说的话，他想到小辉一定在家，就走了很远的路去小辉家找他玩。

可是，小辉并不在家，小辉的父亲告诉小强，小辉去足球场踢球去了。小强很生气，觉得小辉骗了他。

请问，是小辉食言了呢，还是小强的理解错误？

2. 吃不完的鱼

难易指数：★★☆☆☆

有一位有趣的渔夫，每天都早起晚归地去河边钓鱼。有一天，有人问他这两天钓了几条鱼，他回答说："昨天钓了无尾的6条，今天钓了无尾的9条，两天钓的放在一起，我一辈子都吃不完了。"

小朋友，你知道这位渔夫到底钓了多少鱼吗？

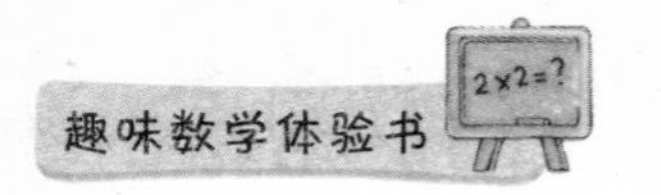

3. 西瓜的重量

难易指数：★★☆☆☆

A、B、C、D四个西瓜都快成熟了。有一天它们趁着瓜农不注意，开始比较起自己的重量来，A说：“B比D轻”；B说：“A比C重”；C说：“我比D重”；D说：“C比B重”。有意思的是，它们说的这些话中，只有一个西瓜说的是真实的，而这个西瓜正是它们四个中重量最轻的一个（它们四个的重量各不相同）。请将A、B、C、D按重量由轻到重排列。

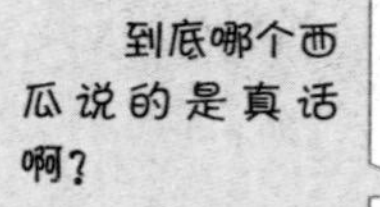

到底哪个西瓜说的是真话啊？

你再仔细想想它们说的话就知道了！

4. 录取的概率有多大

难易指数：★★☆☆☆

M公司要招聘一名会计，但是报名的人数达到了100个，这样每个人录取的可能性就是1%，所以每个人都非常担心。但是有一个人却说："你们不用着急，每个人的录取可能性都是50%。"他是这样分析的：除了我以外的99个人里，肯定有98个人要被淘汰，这样，我就与剩下来的第99个人竞争这个职位了。所以，我的录取可能性就是50%。

如果这100个人都这样进行推导，他们被录取的概率都由1%变成50%了，所以他们都用不着担心。真的会是这样吗？

5. 相同的试卷

难易指数：★★☆☆☆

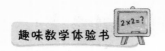

一次数学考试在一个小教室中进行，共有3个监考老师，考试的题量很大，很多人都是一直在做题，没有时间顾及其他，所以他们根本不可能作弊。但是，在批阅卷子的时候，还是发现有两张完全相同的试卷，你知道这是怎么回事吗？

6. 判断房间号

难易指数：★★☆☆☆

少儿培训学校一至四楼的八个房间分别是舞蹈、跆拳道、美术、书法、棋类、摄影、钢琴、古筝八个活动室。已知：一楼是舞蹈室和跆拳道室；钢琴室和舞蹈室都设在单号房间；摄影室上面是棋类室，下面是书法室；美术室和书法室在同一层楼上，美术室的上面是钢琴室。

请分别指出图中八个活动室的房间号码。

7. 游泳比赛

难易指数：★★★☆☆

春田小学五年级四个班正在进行游泳比赛，同学们都围在泳池边上大喊“加油”“加油”。小辉走到池边，遇到小丽、小亮和小强几个好朋友，小辉建议大家对比赛的胜负进行预测。

小丽说：“我看一班只能得第三名，三班才是冠军呢！”

小亮说：“三班只能得第二名吧，我觉得二班会得第三名。”

小强斩钉截铁地说：“四班第二，一班第一。”

比赛结束了，小辉又遇到那几个好朋友，结果发现，他们三人的预测都只猜对了一半。你能推测出比赛结果吗？

8. 聪明的农夫

难易指数：★★★☆☆

有一个农夫带着一条狗、一只羊和一棵白菜来到河边，他要把这三件东西都带过河。那里仅有一只很小的船，农夫最多只能带其中的一样东西上船，否则就有沉船的危险。

刚开始，他带了白菜上船，回头一看，调皮的狗正在欺负胆小的羊。他连忙把白菜放在岸上，带着狗上船，但是贪吃的羊又要吃新鲜的白菜，农夫只好又回来。他坐在岸边，看着这三件东西，仔细想了想，终于想出了一个过河的好办法。

小朋友，你猜一猜，这个农夫是怎样巧妙安排这次过河的呢？

9. 珍珠的装法

难易指数：★★★☆☆

如果有9颗珍珠，分别要装在4个袋子里，为了保证每个袋子里都有珍珠，并且每个袋子里珍珠的颗数都是单数，你们有什么好办法吗？

10. 猜测运动项目

难易指数：★★★☆☆

小辉、小强、小丽和小英计划一起出去运动，小强说："小英喜欢跳绳。"小辉说："我喜欢篮球，但小强不喜欢。"小丽说："有一个同学喜欢足球，但不是小辉。"小英说："小丽喜欢网球，但我不喜欢。"你能判断出他们分别喜欢什么吗？

11. 吃桃子比赛

难易指数：★★★☆☆

刘老师对小辉和小强说："这里有5个桃子，你们每人每次最多只能拿2个，吃完了才可以再拿，你们谁吃的最多将会得到一份奖品。"刘老师刚说完，小辉就拿了2个桃子开始吃起来，这时小强并没有吃，如果两个人吃桃子的速度是一样的，那么，你觉得小强有机会赢得这次比赛吗？

12. 五个人的排名

难易指数：★★★☆☆

长跑比赛结束后，公布成绩。甲不是第一名；乙不是第一名，也不是最后一名；丙在甲后面一名；丁不是第二名；戊在丁后两名。那么，你知道这五个人的排名顺序吗？

谁是第一名呢？

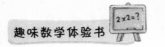

13. 五人猜颜色

难易指数：★★★☆☆

五个人站成一列纵队，从五顶黄帽子和四顶红帽子里，取出五顶分别给每个人戴上。他们不能扭头，所以只能看见前面的人头上的帽子的颜色。

开始的时候，站在最后的第五个人说："我虽然可以看到你们头上的帽子的颜色，但我还是不能判断自己头上的帽子的颜色。"这时，第四个人说："我也不知道。"第三个人接着说："我也不知道。"第二个人也说不知道自己帽子的颜色。这时，第一个人说："我戴的是黄帽子。"

你知道第一个人是怎么判断的吗？

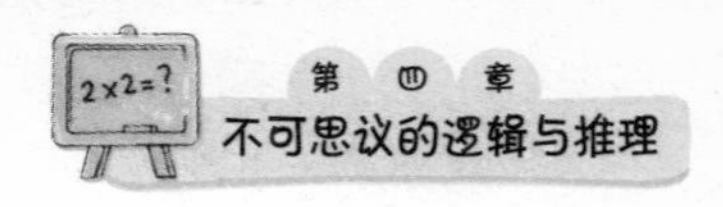

14. 巧猜杯中物

难易指数：★★★☆☆

桌子上有四个杯子，每个杯子上均写有这么一句话，如果其中只有一句是真话，那么，下列描述中，哪句话是真话？

第一杯：所有杯子中都有咖啡。

第二杯：本杯中有咖啡豆。

第三杯：本杯中没有牛奶。

第四杯：有些杯子中没有咖啡。

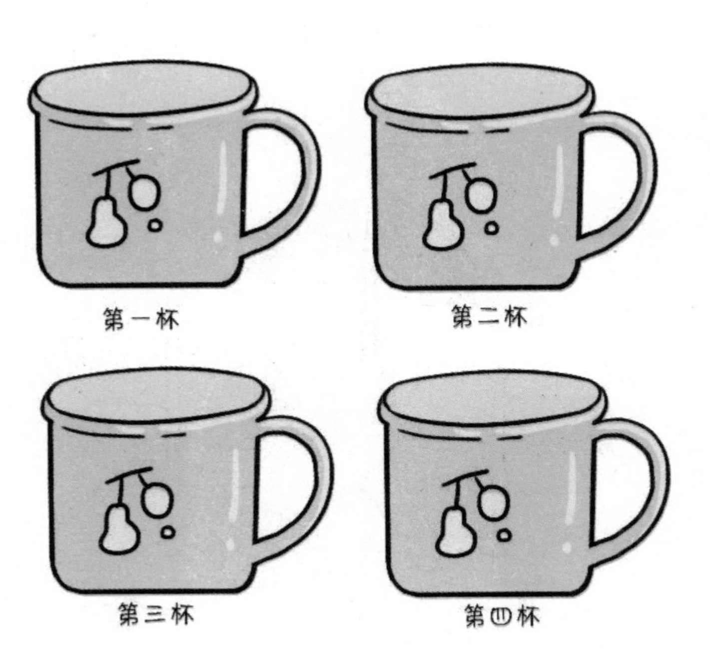

15. 三个路标

难易指数：★★★☆☆

小辉的爷爷独自一人从农村到市区，走着走着就迷路了。找了很久后，他发现一条新的路线。这条路线要经过A、B、C三个地方。

他在A处发现一个路标，上面写着："到B处40公里，到C处70公里"。于是他继续前行，等他到了B处，发现另外一个路标，上面写着："到A处20公里，到C处30公里"。他困惑不解，当他继续走，等到了C处时，他又发现了一个路标，上面写着："到A处70公里，到B处40公里"。

这时，他遇见一位当地人，那个人告诉他，那三个路标中，只有一个写的是正确的，另外一个有一半是正确的，还有一个写的全是错误的。那么，你知道哪个路标是正确的，哪个路标全都是错误的吗？

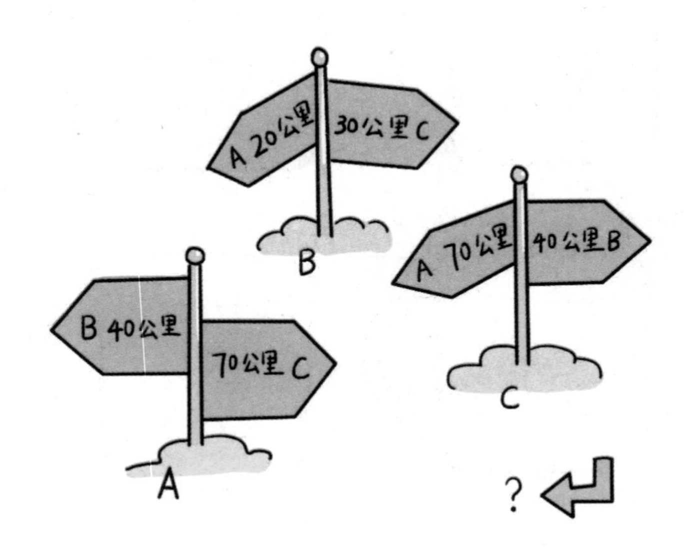

16. 齿轮的旋转方向

难易指数：★★★☆☆

图中是10个齿轮的组合。如果旋转A齿轮，其他的9个齿轮也跟着全部旋转。那么，假定A齿轮按箭头方向旋转，则齿轮J该朝哪个方向转动呢？请你看过题目后，迅速回答。

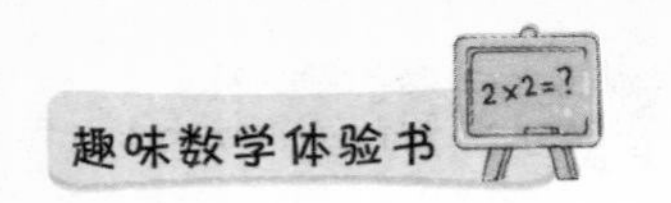

17. 调度员的难题

难易指数：★★★☆☆

甲乙两地相距960千米，一列慢车以60千米/小时的速度从甲地开往乙地，一列快车以80千米/小时的速度从乙地开往甲地。两车同时从两地相向而行，途中快车发生故障，修车两小时后才继续前进。请问，慢车开出后几小时才能与快车相遇？这里说快车在途中修车两小时，但是并没有指明快车停车的位置。

如果你是调度员，应该怎么办？

18. 最后一个人

难易指数：★★★☆☆

有100个人排成一队去电影院看电影。如果他们的排列顺序是这样的：男、女、男、男、男、女、男、男、男、女、男、男、男、女、男、男、男、女……那么，最后一个学生是男还是女呢？

19. 判断授课老师

难易指数：★★★☆☆

甲、乙、丙、丁4个人都是教师，不过乙和丁是男的。这一天上完课以后，他们一起坐在办公室的一张桌子旁边探讨教学方案。甲和物理老师坐在正对面；乙坐在化学老师的右面；坐在丙右边的是一位男教师；丁坐在丙的正对面；生物老师坐在数学老师的左边。

小朋友，你能判断出他们四个人分别是教授什么课程的老师吗？

20. 刘老师的姐姐

难易指数：★★★☆☆

刘老师的姐姐有4个好朋友，他们5个人要么是医生，要么是教师，而且有3个人的年龄小于25岁，两个人的年龄大于25岁。如果知道：

（1）5个人中有2个人是医生，有3个人是老师；

（2）甲和丙是同一年出生的；丁和戊的年龄的平均数正好是25；

（3）乙和戊的职业相同；丙和丁的职业不同；

（4）刘老师的姐姐是一位年龄大于25岁的医生。

小朋友，你知道谁是刘老师的姐姐吗?

21. 表舅家有几口人

难易指数：★★★☆☆

小亮总爱去表舅家里玩，因为表舅家里的人特别多，大家对小亮都很亲切和疼爱。有一天，小亮的同学问她：“你表舅家里到底有多少人啊？”小亮告诉她：“表舅家里有三代人，有一个人是祖父，有一个人是祖母，有两个人是父亲，有两个人是儿子，有两个人是母亲，有两个人是女儿，有一个人是哥哥，有两个人是妹妹，有四个人是孩子，有三个人是孙子或孙女。”

根据这些，你能判断出这家到底有多少人吗？

22.购物中心

难易指数：★★★☆☆

小辉、小亮、小丽和小英4个同学一起购物，他们每个人买了一样东西，物品分别是：一个U盘，一双运动鞋，一条裤子，一件外套。这四件商品正好是在一个购物中心的四层中分别购买的。我们已知：

（1）小辉去了一楼；

（2）U盘在四楼出售；

（3）小亮买了一双运动鞋；

（4）小丽在二楼购物；

（5）小辉没有买外套。

那么，你能判断他们分别在几楼买了什么东西吗？

23. 谁点了豆腐和排骨

难易指数：★★★☆☆

甲、乙、丙三个人晚上经常一起去饭店吃饭，他们每人点的不是豆腐就是排骨。后来他们发现：

（1）如果甲要的是豆腐的话，那么乙要的就是排骨；

（2）甲和丙喜欢的是豆腐，但是两个人不会都要豆腐；

（3）乙和丙两个人不会都要排骨。

那么，根据这些，你能判断出，谁可以今天点排骨，明天点豆腐吗？

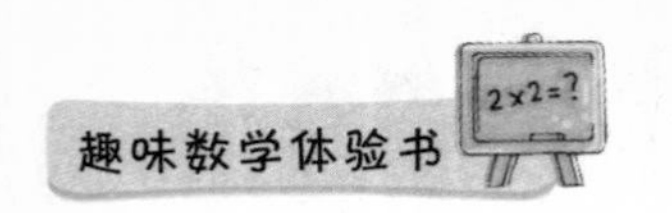

24. 谁偷了超市里的东西

难易指数：★★★☆☆

甲、乙、丙、丁四人是超市的保管员。一天，超市的库房被盗，经过侦查，最后发现这四个保管员都有作案的嫌疑。又经过核实，发现是四人中的两个人作的案。在盗窃案发生的那段时间，找到的可靠的线索有：

（1）甲、乙两个中有且只有一个人去过仓库；

（2）乙和丁不会同时去仓库；

（3）丙如果去仓库，丁必一同去；

（4）丁如果没去仓库，则甲也没去。

根据这些线索，你能判断是哪两个人作的案吗？

25. 还清欠款

难易指数：★★★☆☆

小亮向小丽借了10元钱，小丽向小强借了20元，小强又向小英借了30元，小英又向小亮借了40元。碰巧有一天四个人遇到了，决定还清彼此借的钱。请问，最少需要多少钱才能把所有欠款一并还清？

26. 顺利过河

难易指数：★★★★☆

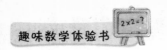

两个小学生坐在河左岸，来了一队施工人员，需要渡河到右岸去。但是只有一条小船，每次只能载一个大人或者两个小学生，应该怎么做才能顺利过河呢？

27. 字母积木

难易指数：★★★☆☆

桌子上有4块六面体积木，上面写着A、B、C、D、E和F共6个字母。每个六面体上，字母的排列是完全一样的（见下图）。小朋友，快来猜一猜A对面是什么字母？B和C对面又分别是什么字母？有什么规律在里面呢？

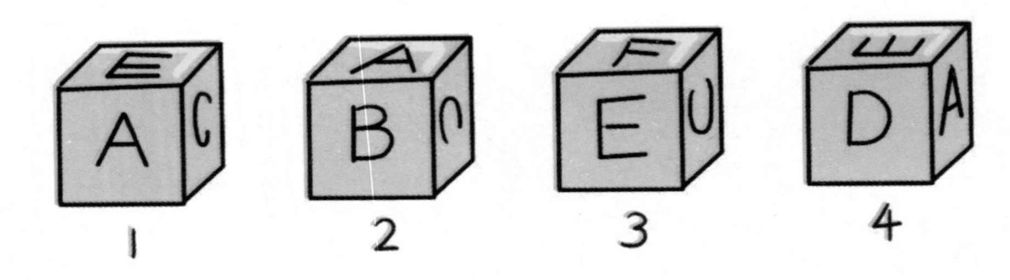

28. 被释放的奴隶

难易指数：★★★★☆

古时候，有一位国王想要处死一个奴隶，他为了表现自己的聪明，制定了这样一条规定："奴隶可以任意说一句话，而且这句话马上能被验证真假，如果奴隶说的是真话，那么就处以绞刑；如果说的是假话，那么就砍头。"这个奴隶非常聪明，他说了一句话，结果无论国王按照哪种方式处死他，都将违背自己的决定，所以最后只得放了他。

大家猜猜，这个奴隶到底说了什么？

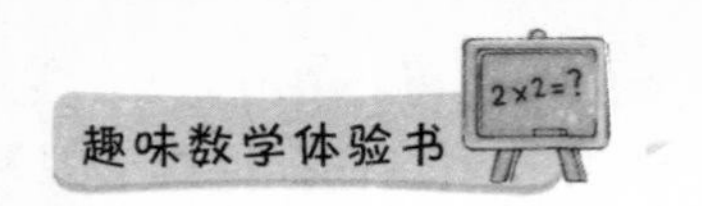

29. 金子的暗示

难易指数：★★★★☆

有一位探险家在一个山洞里发现了两个箱子和一封信，信上写着：“这两个箱子其中一个箱子装有大量的金子，另一个箱子装有毒气。如果你足够聪明，按照箱子上的提示就能找到打开的方法。”这时，探险家看到两个箱子上都有一张纸条，第一个箱子上写着：“另一个箱子上的纸条是真的，金子在这个箱子里。”第二个箱子上写着：“另一个箱子上的话是假的，金子在另一个箱子里。”

小朋友，你猜猜，怎么样才能找到装有金子的箱子呢？

30. 今天星期几

难易指数：★★★★☆

森林里，一群小动物在议论纷纷。原来它们忘记了今天是星期几。大家说什么的都有，先来听听它们是怎么说的吧。

森林爷爷说，它们中只有一个说对了，你能猜到是谁吗？

31. 看雨迹辨速度

难易指数：★★★★☆

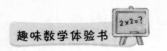

一天放学刮起南风，突然下雨了。A、B两辆汽车同时从西向东，开进停车场。这时，小丽和小英发现，两辆车侧面玻璃上的雨迹不一样，A车玻璃上的雨迹比较直，B车的有点倾斜。请大家想一想，在雨中哪一辆车开得快？

32. 盗贼分元宝

难易指数：★★★★☆

有5个盗贼抢劫了一箱金元宝，数了数，一共50个。他们决定按照下面的方式来分配这些元宝：首先，5个人抽签决定先后顺序，然后由1号提出分配方案，然后5人进行表决，当且仅当超过半数的人同意时，按照他的提案进行分配，否则就把他杀死。如果1号死了，那么由2号提出方案，剩下的4人再表决，同样，当且仅当超过半数的人同意时，按照他的提案进行分配，否则就把他杀死。依次类推下去。这5个盗贼都很聪明，并且十分贪婪，喜欢杀人，互相之间也非常了解。那么，如果你抽中1号，需要最先提出方案，应该怎么分配才能既保全自己又使得所得收益最大呢？

33. 谁射中了靶心

难易指数：★★★★☆

小亮、小辉和小强三人用气枪射靶，每人射5颗子弹，中靶的位置如下图所示，其中只有一发射中靶心（25分）。计算成绩时，发现三人得分相同。小亮说："我有两发子弹的和为18分。"小辉说："我有一发子弹只得3分。"根据这些情况，你能判断出是谁射中了靶心吗？

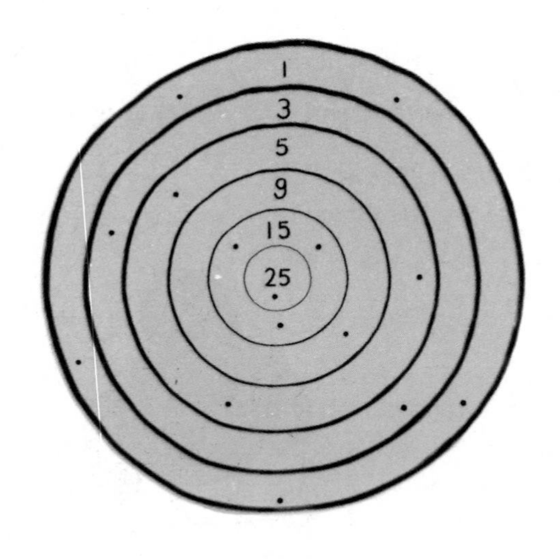

小朋友，你想出来了吗？

34. 约会路线

难易指数：★★★★☆

在欧洲西南部的一个小镇，小镇上的道路都是以方格的形式排列的。威特与他的六位朋友分别住在镇上不同的房间里，如图所示。这天，他们想聚在一起喝咖啡。请问，他们应该选择在哪一个地点聚会，才能使七个人的步行距离都最短呢？

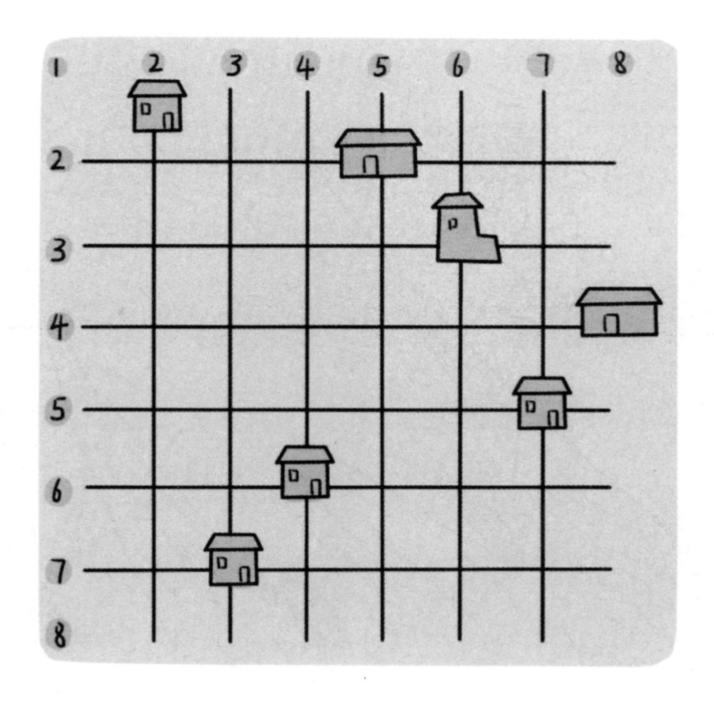

35. 哪条船开得快

难易指数：★★★★★

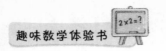

在一条平静的河面上，有两条船向前航行，船头劈开水波，在船后留下一个楔形的水波线。飞行员叔叔拍下了这样一张照片，大家猜一猜哪条船开得快些，为什么？

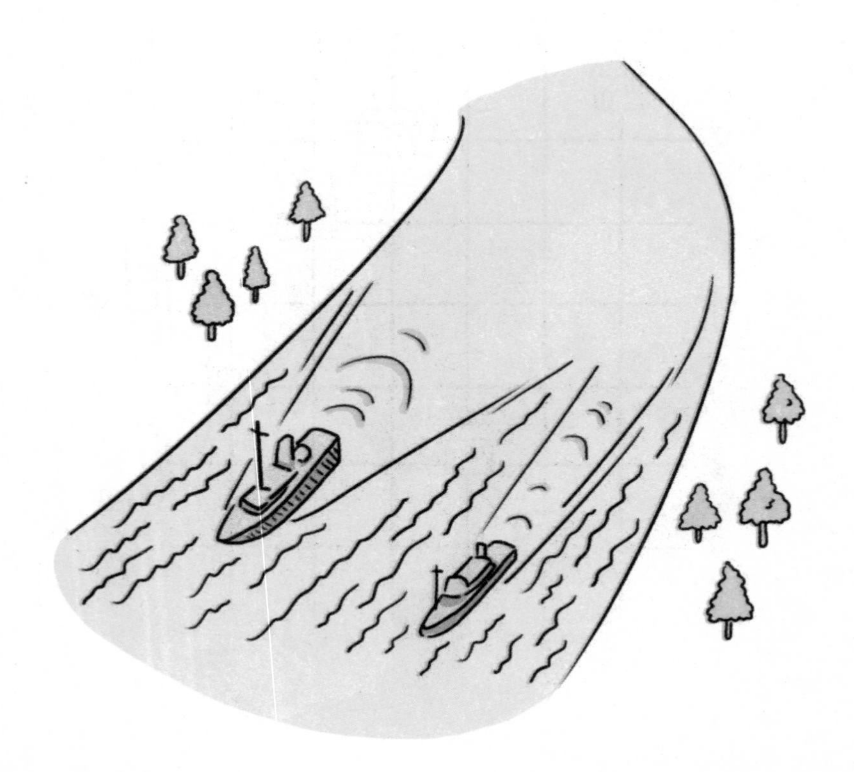

36. 破译号码

难易指数：★★★★★

一名间谍发现有人跟踪他，在跟踪他的人拨电话时，随着拨号盘转回的声音，他用铅笔以同样的速度在纸上画线。他画出6条线如下：

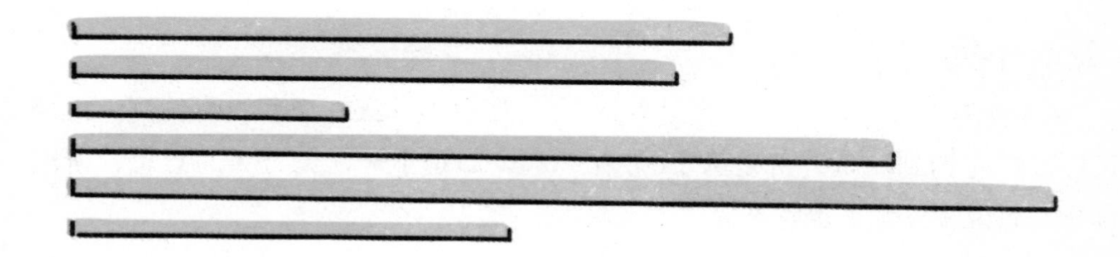

注：旧式电话号码是一个转盘，每拨一个号码要转一下。

这名间谍用尺量了量记下线段的长度，很快就知道了那人拨的电话号码。小朋友，请你认真想一想，他是怎么知道的呢？

答案

1. 语言的逻辑

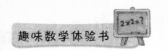

小辉并没有食言，是小美的理解有误。小辉说："如果明天晴天，我就会去足球场踢球。"但是这并不表明小辉不会在阴天的时候去足球场。

2. 吃不完的鱼

6字没有头是个0，9字没有尾也是个0，所以他昨天一条都没有钓到，而今天还是没有钓到一条。可是两个0放在一起，却是个∞，无穷大的意思，所以自我安慰说"一辈子也吃不完"。

3. 西瓜的重量

A、C、B、D。

4. 录取的概率有多大

不会。因为参加的每一个人都是相同的，没有一个人是特殊的可以不用与另外应聘者竞争。所以，"除我之外的"这种说法本身就是错误的。实际上，这100个人里每一个人被录取的概率都是相同的，也就是1%。

5. 相同的试卷

有两个同学都交了白卷，所以卷子是完全相同的。

6. 判断房间号

101是舞蹈室，102是跆拳道室，201是美术室，202是书法室，301是钢琴室，302是摄影室，401是古筝室，402是棋类室。

7. 游泳比赛

如果小丽的前半段话猜对了，即“一班是第三名”，即可推出“二班不是第三名”。所以小亮的前半段话对，后半段话错了，即可推出“三班是第二名。”而由“一班是第三名”还可以推出“一班不是第一名”，即小强的后半段话猜错了，前半段话是对的，即可推出“四班是第二名”。这样，三班和四班都是第二名，发生了矛盾，所以小丽的前半段话不可能是正确的。

这样，小丽的后半段话是正确的，即“三班是第一名”，即可推出“三班非第二名”，小亮前半段话猜错。于是小亮后半段话是对的，即“二班是第三名”。由“三班是第一名”还可以推出“一班非第一名”，所以小强的前半段话猜对，即“四班是第二名”。

这样，这次游泳比赛的前三名分别是三班、四班、二班，一班是第四名。

8. 聪明的农夫

第一次，农夫先把羊带过河，将羊留在对岸，农夫独自返回；第二次，把狗带过河，将狗留在对岸，把羊带回；第三次，把羊留下，把白菜送到对岸，农夫独自返回；第四次，把羊送到对岸。这样，农夫就顺利地把狗、羊和白菜都带过河了。

9. 珍珠的装法

可以在第一个袋子里放一颗珍珠，在第二个袋子里放三颗珍珠，在第三个袋子里放五颗珍珠，然后将装好的这三个袋子一并放入第四个袋子里，这样就可以了。

10. 猜测运动项目

小强喜欢足球，小辉喜欢篮球，小丽喜欢网球，小英喜欢跳绳。

11. 吃桃子比赛

有。小强这时拿起1个桃子吃，等他把这个桃子吃完后，小辉的2个桃子一定还剩一些没有吃完。所以，小强这时可以拿起另外的2个桃子一起吃。这样小强就能吃到3个桃子并取得胜利。

12. 五个人的排名

丁是第一名，乙是第二名，戊是第三名，甲是第四名，丙是第五名。

13. 五人猜颜色

第五个人开始说不知道自己头上帽子的颜色，这说明前面的四个人中有人戴黄帽子，否则，他马上可以知道自己头上是黄帽子了。第四个人知道了五个人中有人戴黄帽子，但不能断定自己帽子的颜色，这说明他看到前面的三个人中有人戴黄帽子；依此类推，第二个人也不知道自己帽子的颜色，说明他前面的人戴黄帽子。所以，第一个人可以断定自己戴的是黄帽子。

14. 巧猜杯中物

第四杯上的话是真话。第一个杯子和第四个杯子上写的话是矛盾的，所以必有一真，必有一假，因此第二、第三个杯子上的话是假话，从而可知第三个杯子中有牛奶。

15. 三个路标

C城市的路标是正确的，B城市的路标全是错误的。

16. 齿轮的旋转方向

如图所示，和A成相反方向旋转。

在看过题目图后，没能马上发觉齿轮J和A是成相反方向旋转的，可以说太缺乏迅速地判断力了。

在所说的这种类型的问题中是规定奇数个的齿轮和第一个齿轮成同方向，偶数个的齿轮和第一个齿轮成反方向旋转。

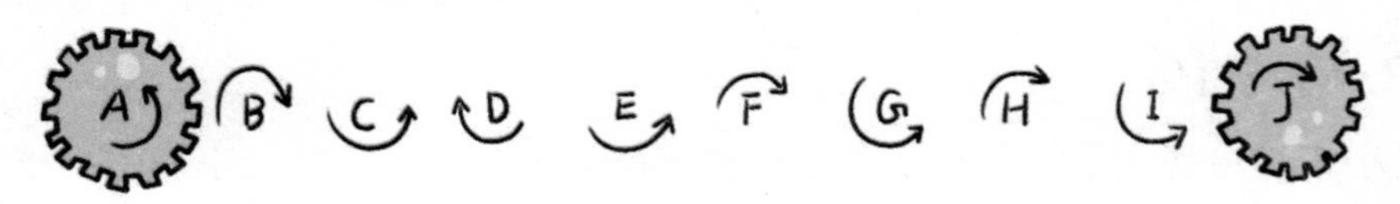

17. 调度员的难题

这里，快车肯定是需要在途中修车两小时，我们可以假设快车在一开始就修车，这样相当于慢车先行两小时，问题就变得简单了。

$(960-60\times 2)\div(60+80)=840\div 140=6$（小时），因为慢车先开了两小时，即慢车开出8小时后与快车相遇。

18. 最后一个人

最后一个学生是男生。

19. 判断授课老师

甲是数学老师，乙是物理老师，丙是生物老师，丁是化学老师。

丙左边是乙或者丁，丁在丙的对面，由此推断丙左边是乙，对面是丁。再根据甲对面是物理老师，可以得到乙是物理老师。因此而解题。

20. 刘老师的姐姐

刘老师的姐姐是丁。

由（2）可以得出甲和丙小于25岁。由（1）（3）可知乙和戊是老师。根据（4）的条件及上面的推论，即可得知丁是刘老师的姐姐。

21. 表舅家有几口人

有7个人，一对老年夫妻，他们的儿子和儿媳，他们的一个孙子和两个孙女。

22. 购物中心

小辉在一楼买了一条裤子，小亮在三楼买了一双运动鞋，小丽在二楼买了一件外套，小英在四楼买了一个U盘。

根据（1）（2）（3）（4）可以判断出小亮在三楼买了一双运动鞋，那么，根据（5），判断出小丽在二楼买了一件外套。

23. 谁点了豆腐和排骨

乙可以。根据（1），如果甲要豆腐的话，那么乙要的就是排骨，这时，根据（2），丙要的也是排骨，这和（3）相矛盾。所以，甲能要的只能是排骨。再根据（2），丙要的只能是豆腐。再从题意中看，发现乙既可以要排骨也可以要豆腐。所以只有他能今天点排骨，明天点豆腐。

24. 谁偷了超市里的东西

甲和丁。

假设乙去过仓库，则由（2）知丁没有去过仓库，那么就是甲，丁没有去过仓库，但题目中已知是两个人作案，那么另外一个去仓库的是丙。但由（3）可知丙要去了仓库，则丁也必一同去，这与刚才的推理相予盾，所以假

设不成立，那么可得出是甲去了仓库，乙没去，再由（3）可推出丙不可能去仓库，那么最后就能推出丁去过仓库

25. 还清欠款

小丽、小强和小英各自拿出10元给小亮，所有问题就迎刃而解了。这样的话，只需要30元。

26. 顺利过河

我们用画框图的办法来解答这个问题：

从这个框架图中我们可以清楚地看到，施工人员的人数对过河的圈数并没有影响。

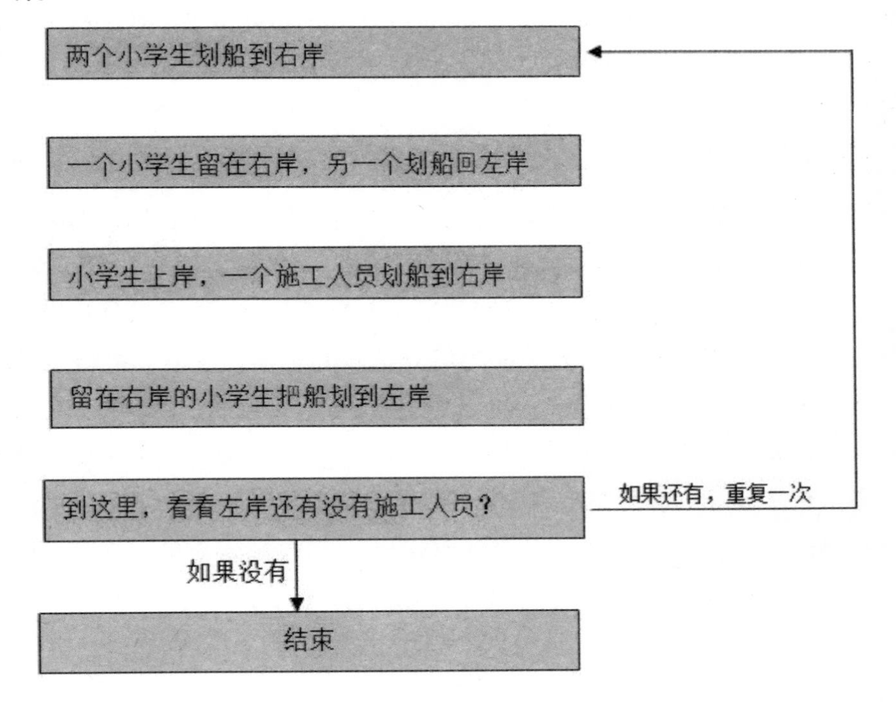

27. 字母积木

从图1可以看出，A对面的字母也就是C右面的字母，从图3能看出C右面的字母是F。所以，A对面的字母是F。

从图2看，B对面的字母即A的尖头对着的字母；由图4可知，A的上面是E。所以，B对面的字母是E。

从图1看，C对面的字母也就是A左面的字母，而从图4可知，A左面的字母是D。

六面体积木拼音字母的排列是：A—F，B—E，C—D。

28. 被释放的奴隶

这个奴隶说："我是将要被砍头的。"如果国王认为这句话是真的，那么这个奴隶将要被处以绞刑，这样，这句话就成了假话，所以他只能被砍头。但是如果被砍头，这句话又变成了真话，所以这个奴隶既不能被处以绞刑也不能被砍头，国王只能放了他。

29. 金子的暗示

打开第二个箱子。第一个箱子上的话是假的，如果它是真的，那么，第二个箱子的话也是真的，这样就互相矛盾了。

第一个箱子上的假话有三种可能：第一个箱子上的话前半部分是假的；后半部分是假的；都是假的。如果前半部分是假的，金子在第一个箱子里，并且，第二个箱子上的话是假的，这时，根据第二个箱子的判断，金子在第二个箱子里，这和上面的判断冲突；如果后半部分是假的，那么，金子在另外一个箱子里，并且第二个箱子上的话是真的，可以判断金子在第一个箱子里，这也是矛盾的；所以，第一个箱子上的话是真的，这时，金子在第二个箱子里，并且第二个箱子的判断，金子在第二个箱子里。

30. 今天星期几

我们来整理下动物们的意见：

大灰狼说：星期四、五、六或日。

黑熊说：星期三。

老虎说：星期四。

狐狸说：星期三。

小白兔说：星期二。

小羊说：星期一。

小猫说：星期一、二、三、四、五或六。

综上可以看出，除了星期日以外，都不止一次说到，因此，今天是星期日，大灰狼居然说对了。

31. 看雨迹辨速度

因为刮的是南风，所以车头向东的汽车如果停着，一侧玻璃上的雨迹应该是垂直线。车开动，玻璃上的雨迹就变倾斜。汽车行驶速度越快，雨迹就越斜。所以，B车在雨中开得比A车快些。

32. 盗贼分元宝

1号可以提出（47，0，1，0，2）或者（47，0，1，2，0）的分配方案。可以这样从后向前推，如果前3名盗贼都死了，那么，5号一定投反对票让4号死，自己独吞元宝。所以，4号为了保命，唯有支持3号。3号知道这一点，所以他会提出（50，0，0）的分配方案。这样他仍然可以获得自己的一票和4号的一票而获得通过。2号同样知道3号会这么做，所以他会提出（48，0，1，1）的方案，相对3号的方案，这个对4号和5号来说更有利，所以他们会支持2号的分配方案，这样，2号可以获得3票而通过。但1号知道2号会这么做，所以他会提出（47，0，1，0，2）或者（47，0，1，2，0）的分配方案。相对于2号的提案，3号感到优越，而4号和5号中那个多拿一个元宝的人也会多投1号一票，所以1号将获得3票而通过决议，而且他获得了47个元宝。

33. 谁射中了靶心

射击15发的得分分别为25、15、15、15、9、5、5、5、3、1、1、1、1、

1，共得105分，每人得到35分。三个人的中靶情况只能是：

（1）15、15、3、1、1。

（2）15、9、5、5、1。

（3）25、5、3、1、1。

小亮有两发子弹的和为18分，所以他应该是（1）中的得分；小辉有一发得3分，他应该是（3）中的得分。所以击中靶心的是小辉。

34. 约会路线

在道路5与街道4的交叉口。方法是：在道路上处于中间位置的住处上，画上一条线，然后在街道处于中间位置的住处上，同样也画一条线，其交叉点就是你要找的位置。

35. 哪条船开得快

这个问题要好好地思考下。如果有个人站在水中不断地搅动，他搅出的水波每秒传出1米，那么1秒、2秒……6秒后水波“前锋”到达的位置正如图1中各圆所示那样。而如果他一边搅动一边前进，前进速度也是1米/秒，那么他每个时刻都能捕捉到水波的“前锋”，参看图2。他的速度如果能再快一些，就可以超过这个“前锋”。而在他身后，各圈水波还是以他发出的这圈水波时地位置为圆心，继续向四周传出。这些半径大小依次减小而圆心逐渐移出的水波纹会形成一个角度（图3）。速度越快，超出越多，形成的水迹就更“尖”一些（图4）。所以，从图中可以看出，右边的船开得更快。

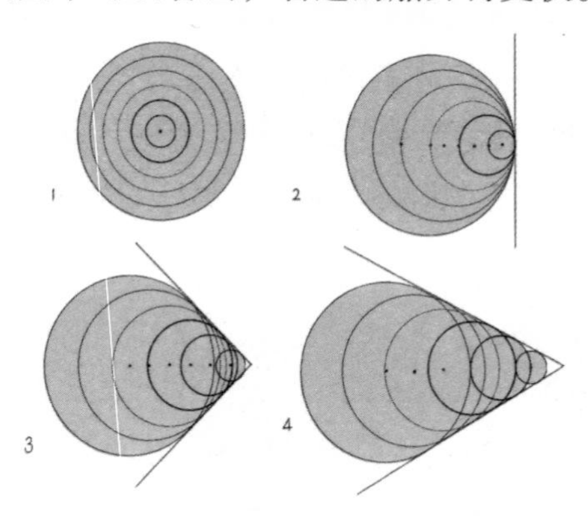

36. 破译号码

原来每条线对应一个电话号码数字，它的长度对应每个数字在拨号时的拨号盘转回的时间。因此，我们可以用尺来量出线段的长度。假设从上到下各线的长度分别为：6.8厘米、6厘米、2.8厘米、8.4厘米、10厘米、4.4厘米。电话号码盘上有10个数字，拨1时，画的线段最短；拨0时，画的线段最长。只要画线的速度相同，每个数所对应的线段应比它前一个数所对应的线段增大一个固定的长度。

这里需要采用“抽屉原理”来思考。由于这个电话号码是6位，而且6个数字各不相同。如果将每相邻的两个数字看作一个“抽屉”，即把1和2、3和4、5和6、7和8、9和0看作5个“抽屉”，把6个数字看作“物品”，那么必然有一个“抽屉”里有两个“物品”，即必有两个数字是相邻的。6条线段中长度最接近的两条的长度之差就是上面所说的固定长度。第一、第二条线段相差最短，为0.8厘米；第三、第五条线段相差最长，为7.2厘米，由于7.2 ÷ 0.8=9，相差9个固定长度（0.8厘米），可见第三条线段代表1，第五条线段代表0。

由第一条线段与第三条线段之差为4厘米，而4 ÷ 0.8=5，可知第一条线段代表6。同理，第二条线段代表5，第四条线段代表8，第六条线段代表3。这个电话的号码是651803。

“抽屉原理”的基本原理是：把n+1件物品放到n个抽屉里，至少有一个抽屉里物品件数不少于2件。很有意思吧，小朋友可以用这个原理来解决一些很有趣的问题。

参考文献

[1] 罗勃·伊斯特威.英美中小学都在玩儿的数学游戏[M].钟颂飞.北京：中国青年出版社，2009.

[2] 日本Skynet Corporation.越玩越聪明的数学游戏 算术猜谜[M].康利平.长沙：湖南科学技术出版社，2011.

[3] 童心.每天一个数学游戏[M].北京：化学工业出版社，2014.

[4] 段伟文.数学游戏秘籍[M].北京：科学普及出版社，2015.

[5] 吴长顺.数学魔法[M].北京：科学出版社，2015.

[6] 江乐兴.哈佛学生都爱玩的300个数学游戏[M].北京：朝华出版社，2013.